家庭理财投资工具箱（图解版）

股震子◎编著

中国宇航出版社
·北京·

图书在版编目（CIP）数据

家庭理财投资工具箱 ：图解版 / 股震子编著. --北京 ：中国宇航出版社，2024.1

ISBN 978-7-5159-2316-1

Ⅰ. ①家… Ⅱ. ①股… Ⅲ. ①家庭管理－财务管理－图集 Ⅳ. ①TS976.15-64

中国国家版本馆 CIP 数据核字(2023)第 227011 号

策划编辑 卢 珊　　封面设计 王晓武
责任编辑 吴媛媛　　责任校对 卢 珊

出版发行 中国宇航出版社
社址 北京市阜成路8号　　邮编 100830
（010）68768548
网址 www.caphbook.com
经销 新华书店
发行部 （010）68767386　　（010）68371900
（010）68767382　　（010）88100613（传真）
零售店 读者服务部
（010）68371105
承印 三河市君旺印务有限公司
版次 2024 年 1 月第 1 版　　2024年 1 月第 1 次印刷
规格 710×1000　　开本 1/16
印张 11.25　　字数 198 千字
书号 ISBN 978-7-5159-2316-1
定价 45.00 元

本书如有印装质量问题，可与发行部联系调换

前　言

Preface

自古以来，中国人就有“开源节流”“攒钱”等习惯，这些都是最为朴素的家庭理财观念。

目前，市场上能够成为家庭理财的工具有很多种。每种理财工具的收益不同，所面临的风险也不尽相同。很多投资者光想着让自己的资产快速增长，却不知道已经将资产置于高风险区域，随时可能出现大幅亏损；另外一些投资者则出于保守的心理，不敢去做投资，只是一味地将钱存入银行。这时候，资金安全是安全了，收益却不甚理想。其实，以上两种想法，都是要在家庭理财中避免的。

理财品种之间的收益与风险差异很大，即使选择了相同的理财品种，但资产配置比例不同，收益也是完全不同的。

很多投资者在配置理财产品时，总是喜欢求助于某些“大咖”，希望获得更为专业的声音。然而，这些“大咖”并不是你的贴身理财顾问，也不可能全天候地为你服务。他们的建议也未必会适合你。总之，要想通过家庭理财实现收益增加是没有捷径的。只有自己掌握了足够的知识，才能在理财领域“游刃有余”。

因此，从长远来看，如果你想在投资的道路上走得更长久、更长远一些，需要建立自己的分析体系。人云亦云，肯定不是投资的好方法。况且，没有人能够随时为你提供投资指导。能够帮助自己的只有自己。而要建立投资分析体系，一些家庭理财投资工具就是必不可少的。

从家庭理财角度来看，家庭理财思维工具、稳定收益理财工具、中低风险理财工具、高风险理财工具，乃至保险、私募、家庭信托及其他理财工具等领域都是投资者需要重点关注的领域。本书甄选了各个板块内经典的分析工具加以介绍和解读，以期帮助投资者快速掌握和应用好这些工具。

当然，有了工具，只是让你在投资的道路上不再“摸黑”前进了，要想让前方更加光明，还需要在实战不断地“锤炼”。

说明：本书讲解的家庭理财工具中的具体品种，均为讲解案例，不构成具体买卖建议。市场有风险，投资需谨慎。

目　录

Contents

第一章

构建家庭理财思维工具

第一节　基本理财思维工具

工具概述

近年来，我国居民的理财意识有所提高，很多家庭也开始尝试配置金融资产，但从总体上来说，在我国居民家庭中，金融资产配置比例仍然偏低。这也使得居民家庭收入更依赖基本的工资收入，而非理财收入。

工具解读

我国家庭资产配置图

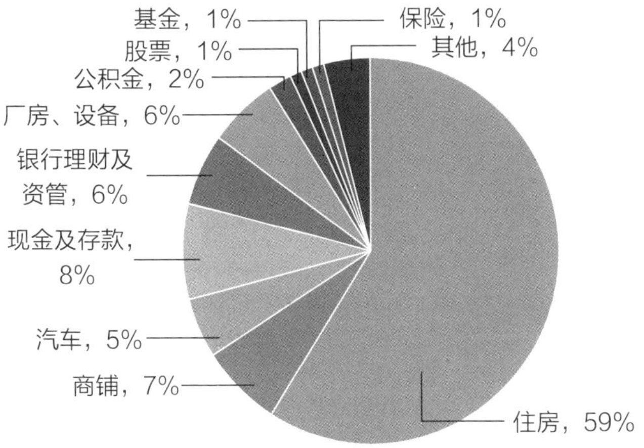

从左面的图中可以看出，我国居民家庭的房产占比已经超过了家庭总资产的一半以上；同时，我国居民的金融资产更加倾向于低风险的理财产品，有一定风险的股票、基金等产品的占比过低。这也使得我国居民家庭收入仍以工资收入为主。

增加金融性资产的比重，提升理财性收入，是我国居民家庭理财规划的核心！

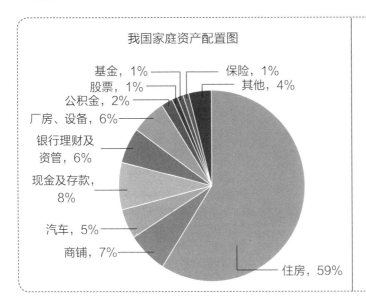

一、收益的来源——资产配置

工具概述

很多投资者对投资持有投机的心态，即什么赚钱买什么。其实，在投资领域，投资与风险是相对的。想要获得更高的收益，必须面对同样高的风险。因此，很多看似盈利很高的项目，最后未必能挣到钱。由很多成功投资者的投资经验得出，更多的收益其实并非来自所选择的优质股票或者正确的入场时机，而是资产的平衡配置。

工具解读

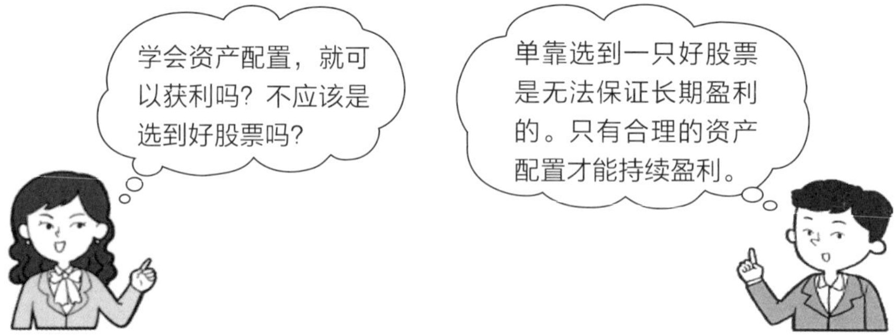

学会资产配置，就可以获利吗？不应该是选到好股票吗？
单靠选到一只好股票是无法保证长期盈利的。只有合理的资产配置才能持续盈利。

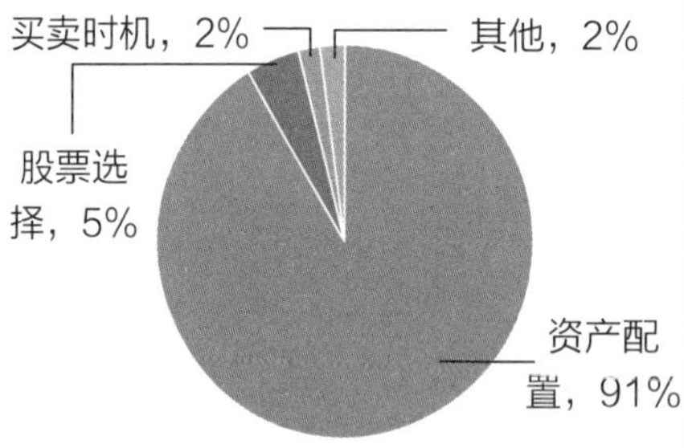

买卖时机，2%
其他，2%
股票选择，5%
资产配置，91%

全球资产配置之父加里·布林森（Gary Brinson），通过对10年91只大型退休基金的实证数据研究发现：从长期看，投资盈利的主要来源既不是选对了好产品或者选对了买入时机。合理的资产配置，才是决定最终是否成功的关键。也就是说，90%以上的收益来自资产配置。

学会资产配置，是成功理财的第一步！

二、80风险投资定律

工具概述

通常来说，一个人的年龄越大，能够承受风险投资的比重必然是越低的。80 风险投资定律，就是这种关系的一个概括和总结。

工具解读

80风险投资定律

高风险投资占比=（80−您的年龄）× 100%

比如，30岁时股票可占总资产的50%，就是说，在30岁时可以用50%的资产投资股票，其风险在这个年龄段是可以接受的，而在50岁时则投资股票占资产的30%为宜。

从理财规划角度来看，年龄是一个不可忽视的因素，也是一个人东山再起的最大资本。年轻时，即使出现较大的亏损，也能在以后挣回来，毕竟还会有源源不断的收入。而年龄较大时，就很难再获得较高的收入了，甚至会没有收入，这就要求所投资的项目不能出现亏损，否则很难再弥补这些亏损，甚至对老年的生活质量产生较大的影响。

三、家庭理财生命周期理论

工具概述

家庭从形成到最后衰退（消失）的整个过程可以分成若干关键的阶段。每个阶段，家庭的核心任务不同，收入与支出情况不同，理财的目标也不尽相同。因此，借助家庭理财生命周期理论可以更好地明确理财目标，提升理财质量。

工具解读

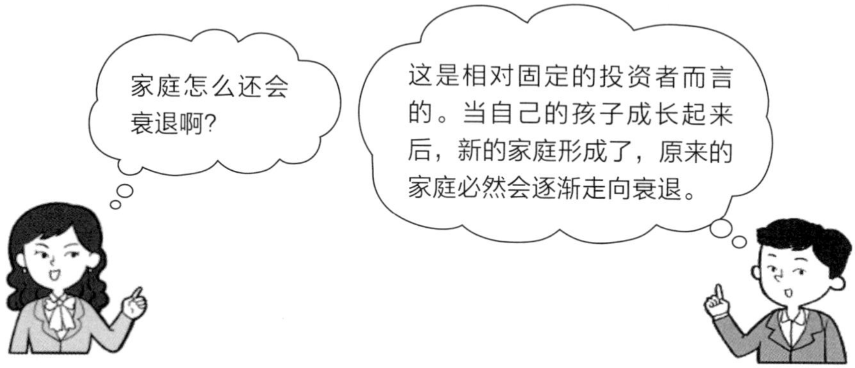
家庭怎么还会衰退啊?
这是相对固定的投资者而言的。当自己的孩子成长起来后，新的家庭形成了，原来的家庭必然会逐渐走向衰退。

形成期	成长期	成熟期	衰退期
风险承受能力较强； 家庭收入同步增加； 日常消费增多； 随着孩子出生，该阶段终结。	风险承受能力一般； 家庭收入增加； 教育支出增多； 现金支出增多； 随着孩子大学毕业或成家，该阶段终结。	风险承受能力减弱； 家庭收入增加到顶峰； 养老储蓄增多； 健康支出增多； 随着家庭成员退休，该阶段终结。	风险承受能力极弱； 家庭收入减少，甚至无收入； 养老支出增多； 健康支出增多。

家庭形成期理财规划方向

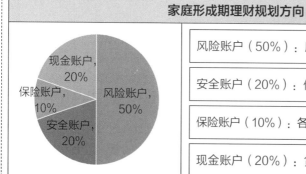

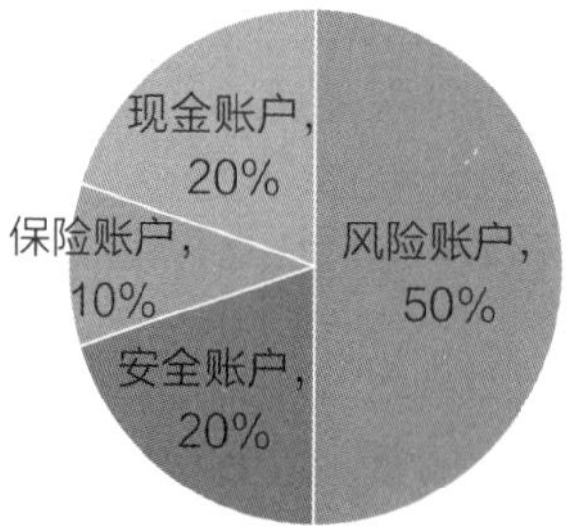
现金账户，20%
保险账户，10%
安全账户，20%
风险账户，50%

风险账户（50%）：股票、期货等高风险投资。

安全账户（20%）：低风险债券、银行理财产品。

保险账户（10%）：各类重疾险、意外险、寿险等。

现金账户（20%）：货币基金、活期存款等。

家庭成长期理财规划方向

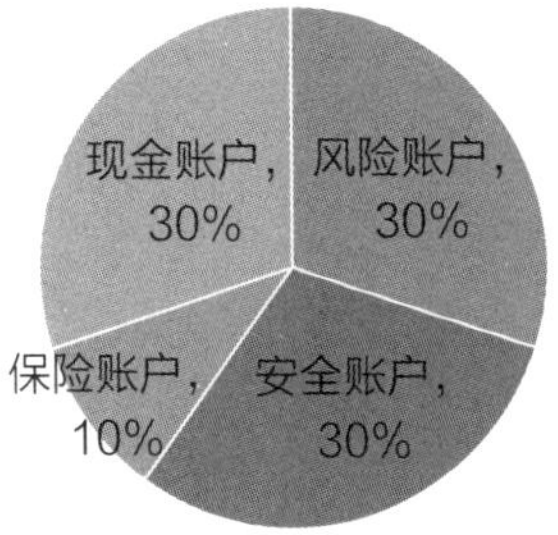

风险账户（30%）：股票、期货等高风险投资。

安全账户（30%）：低风险债券、银行理财产品。

保险账户（10%）：各类重疾险、意外险、寿险等。

现金账户（30%）：货币基金、活期存款等。

家庭成熟期理财规划方向

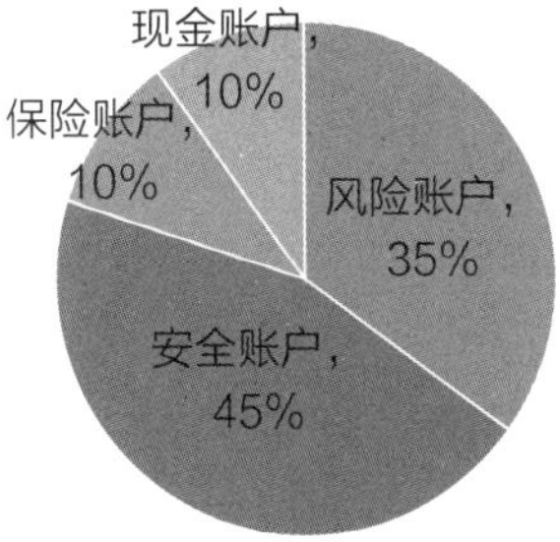

风险账户（35%）：股票、期货等高风险投资。

安全账户（45%）：低风险债券、银行理财产品。

保险账户（10%）：各类重疾险、意外险、寿险等。

现金账户（10%）：货币基金、活期存款等。

家庭衰退期理财规划方向

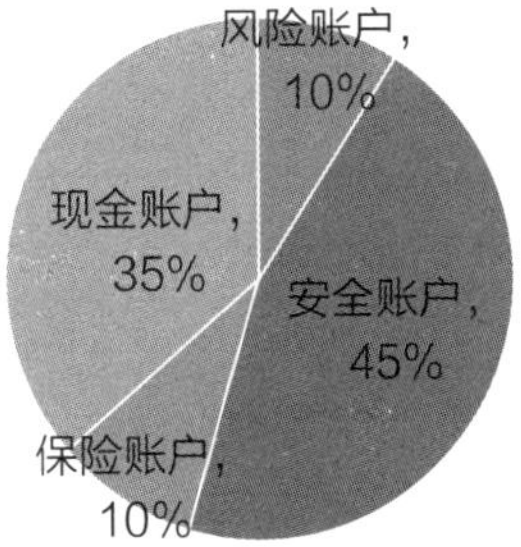

风险账户（10%）：股票、期货等高风险投资。

安全账户（45%）：低风险债券、银行理财产品。

保险账户（10%）：各类重疾险、意外险、寿险等。

现金账户（35%）：货币基金、活期存款等。

第二节　理财习惯建立工具

工具概述

家庭理财是一项长期的活动，需要在控制风险的前提下，尽量改善家庭财务状况，提升理财收益。短期内的收益提升是需要一些运气成分的。但想要长期地、持续地获得稳定收益，则需要建立在一定的习惯基础之上。

工具解读

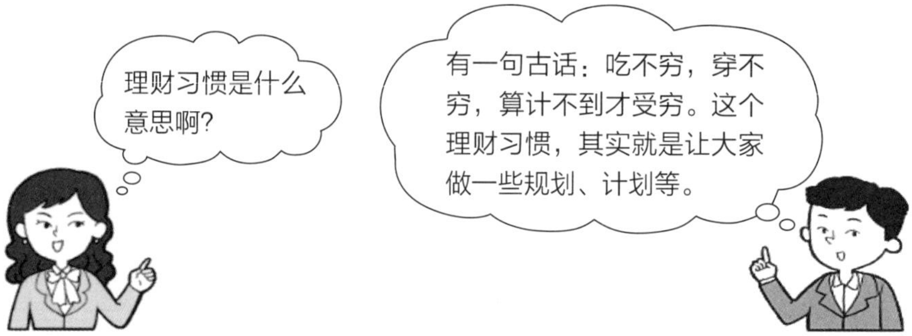

理财习惯是什么意思啊？
有一句古话：吃不穷，穿不穷，算计不到才受穷。这个理财习惯，其实就是让大家做一些规划、计划等。

正确的理财习惯

储蓄的习惯

储蓄是构建家庭理财的基础，也是整个家庭理财的核心。通过每个月点滴的储蓄，最后形成家庭的可靠保障。

记账的习惯

养成记录日常收支的习惯，让消费更加理性，更有规划。

投资的习惯

投资是增加家庭收入的重要途径，也是家庭理财的必然选择。不过，在投资过程中，必须建立风险防控机制。

资金分类管理习惯

管理家庭资产时，需要将资金分类管理，如划分为平时生活所需资金、可用于投资的资金等。借以提升资金的使用效率。

一、家庭收支账单

工具概述

家庭收支账单，是描述家庭收支情况的基础性数据，也是家庭理财必备的工具之一。通过家庭收支账单可以了解最近一段时间内家庭收入与支出的大致情况，并为以后的家庭消费活动提供支持。

工具解读

家庭收支账单

收入

1. 主动收入（含各项工资收入、副业收入）
2. 资产收入（房租、股息、利息等收入）
3. 转移性收入（馈赠、继承）

支出

1. 各类生活消费支出（衣、食、住、行等）
2. 各类贷款偿付
3. 各类保险费用
4. 医疗及其他费用

结余

1. 现金结余
2. 存款结余
3. 社保及各类保险结余
4. 股票、基金等资产类项目结余

家庭开支账单设计要点：

第一，可以根据家庭收支情况，酌情安排表格项目。

第二，收入、支出与结余三个核心项目必不可少。

第三，在设计制作表格时，一般以Excel表格为宜。

工具示例

家庭收支报表

	家庭基本收入							家庭基本支出						结余转储蓄			理财性资产			
月度	丈夫收入	妻子收入	副业收入	理财收入	房租收入	其他收入	收入合计	日常消费开支	人情开支	保险费用	各类贷款	其他支出	支出合计	当月结余	转入储蓄	结转率	储蓄合计	股票合计	基金合计	其他资产合计
1																				
2																				
3																				
4																				
5																				
6																				
7																				
8																				
9																				
10																				
11																				
12																				
合计																				

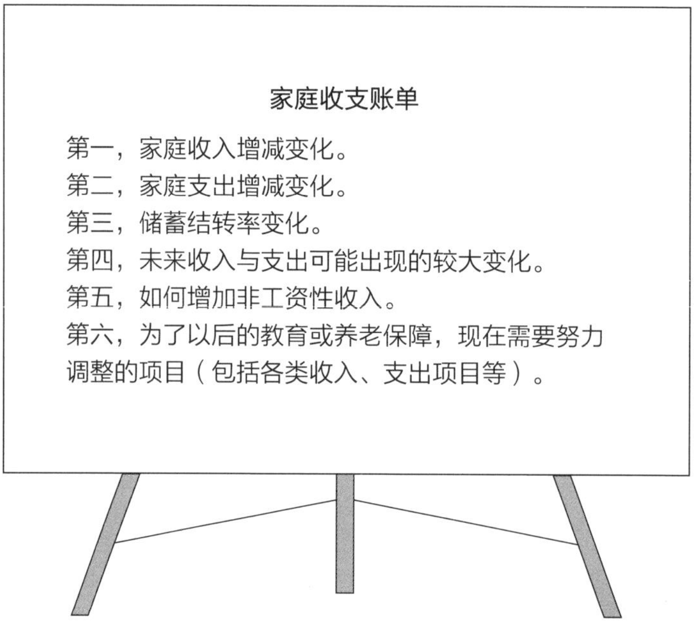

家庭收支账单
第一，家庭收入增减变化。
第二，家庭支出增减变化。
第三，储蓄结转率变化。
第四，未来收入与支出可能出现的较大变化。
第五，如何增加非工资性收入。
第六，为了以后的教育或养老保障，现在需要努力调整的项目（包括各类收入、支出项目等）。

二、家庭财务报表

工具概述

家庭财务报表，是梳理家庭财产状况，进行合理资产规划与投资的基础。通过家庭财务报表，可以让每个家庭了解自身的资产与负债情况。

工具解读

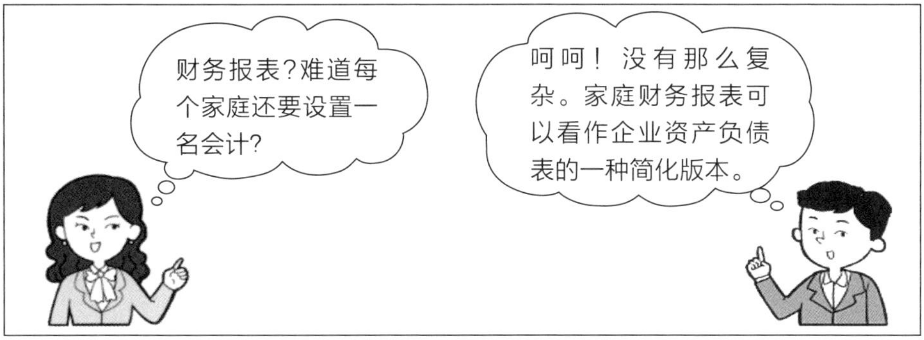
财务报表？难道每个家庭还要设置一名会计？
呵呵！没有那么复杂。家庭财务报表可以看作企业资产负债表的一种简化版本。

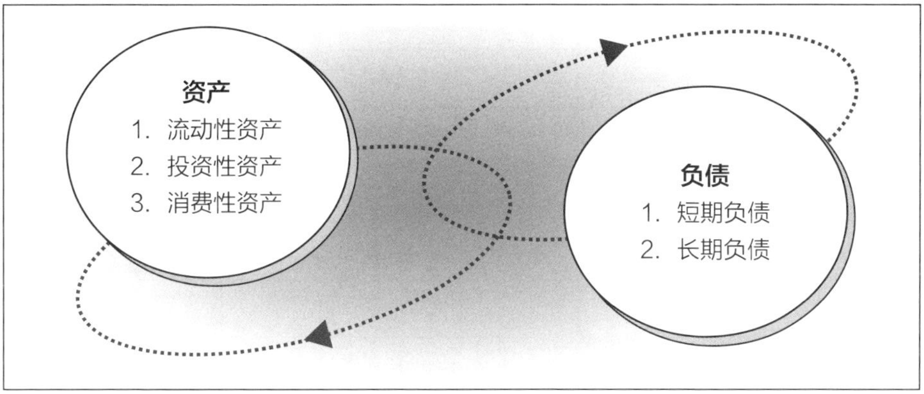
资产
1. 流动性资产
2. 投资性资产
3. 消费性资产
负债
1. 短期负债
2. 长期负债

家庭财务报表设计要点：

第一，“资产”与“负债”项目的设置可根据自身情况而定。

第二，房产、汽车等资产的价值可根据市场情况填写。

第三，资产净值部分可按照资产与负债的差值来计量。该部分数额为家庭实际资产。

工具示例

家庭财务报表

填制时间：

资产			负债		
资产项目	期初	期末	负债项目	期初	期末
现金			信用卡负债		
支付宝、微信等余额			京东白条、支付宝		
银行卡活期存款			小额信贷		
其他流动资产			短期需偿还的其他负债		
流动资产合计			短期负债合计		
定期存款			房贷余额		
股票投资			汽车贷款		
债券投资			其他长期借款		
基金投资			经营性借款		
投资性房产			长期负债合计		
保单现值			总负债合计		
其他投资性资产					
投资性资产合计					
自用房产					
自用汽车					
其他大额消费性资产					
消费性资产合计					
总资产合计			资产净值合计		

三、每天存钱计划

工具概述

对于大多数人来说，财富并不是突然获得的，而是靠点滴的积累汇聚在一起而形成的。因此，对于大多数人来说，养成每天存款的习惯就是在建立正确的理财观。

工具解读

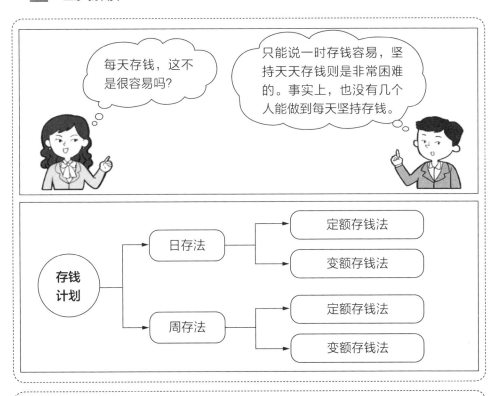

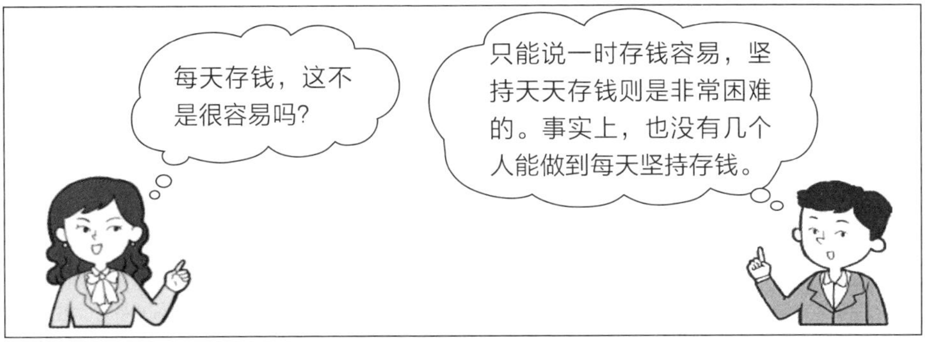

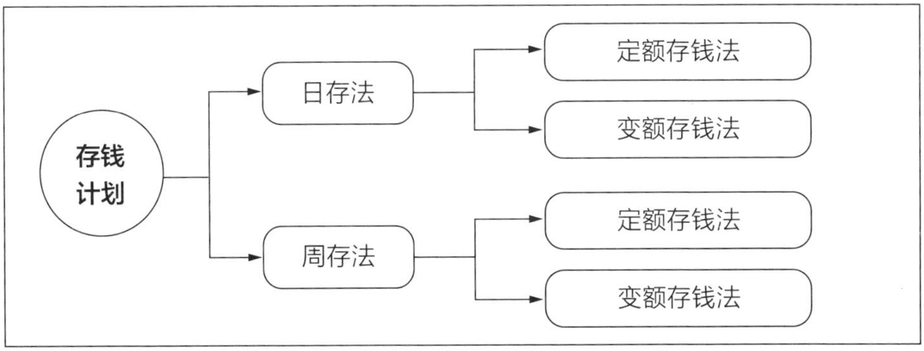

日存法

根据个人实际收入情况，确定每天定额或不定额的存钱计划。比如，每天存10元或50元；每天随机存入一个数字，这个数字可以根据当日的收入来确定，等等。总之，坚持存钱计划，本身比存多少更为重要。

工具示例——365日存钱计划

365日存钱计划操作要点：

第一，在表格中列出365个数字，可以根据个人喜好将365个数字排列成不同的形态。

第二，每天从1到365个数字中任选一个作为当日的存款数额。

第三，每存完一个数字就划掉一个。直至一年结束，争取划掉全部365个数字。

第四，本计划运行结束后，每年的存款数额是66795元（不含在存款过程中产生的利息收入）。

周存法
周存法是日存法的一个折中方案。对于一些人来说，坚持每日存款可能有些困难，那么更可以退一步采取周存法来降低难度。当然，每周存款的数额一般要比日存法更多一些，如每周100元到1000元不等。总之，坚持存钱计划，本身要比存多少更重要。

工具示例——52周递进存钱计划

52周递进存钱计划操作要点：

第一，选择开始启动时刻的存款数字，比如50元。

第二，下一周的存款数字要比前一周多10元，以此类推。

第三，本计划运行结束后，每年的存款数额是15860元（不含在存款过程中产生的利息收入）。当然，投资者也可以根据个人收入情况调整起始金额和递增金额。

四、神奇的复利效应

工具概述

复利效应是现代理财的一个重要概念。基于复利效应产生的财富增长，哪怕每年只有一点，若假以时日，也会让财富大幅增长。

工具解读

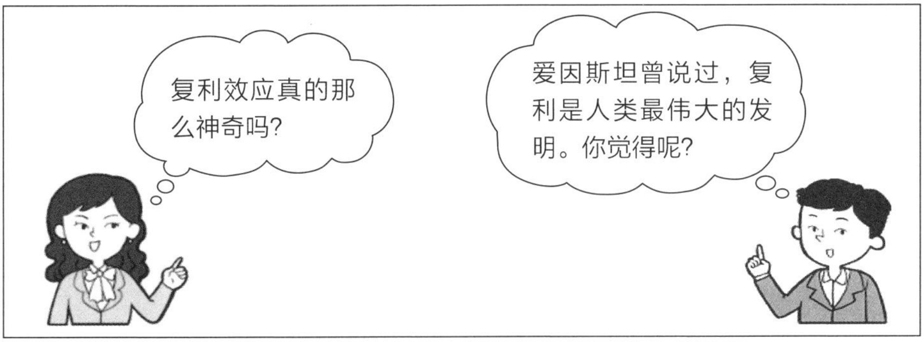

复利效应真的那么神奇吗?
爱因斯坦曾说过，复利是人类最伟大的发明。你觉得呢?

复利效应

存款金额为1，年利率为r，存款期数为n。在复利计息的条件下，第n年底本息和：

本息和=$(1+r)^n$

假如一个人有本金10万元用于投资。若按照单利计算，每年利息为10%，那么，10年后本息和：

本息和=10×（1+10%×10）

=20万元

若按照复利计算，每年利息仍为10%，则10年后本息和：

本息和=$10\times(1+10\%)^{10}$

=25.94万元

工具分析

以时间换涨幅

通过长时间的坚持，即使收益率相对较低，也能通过复利获得较高的收益。

放弃暴富的想法

高收益意味着高风险，长期下来，多数参与高风险投资的获利未必比复利带来的收益多。

追求平衡型资产布局

通过多资产组合，实现稳定获得较高复利收入的目标。

第三节　家庭资产配置工具

工具概述

中国有句古话：吃不穷，穿不穷，算计不到就受穷。这里的“算计”就是“计划、规划”的意思。在家庭与个人资产配置方面更是如此。没有很好的资产配置规划，就可能造成投资损失，让本该获得的收益白白流失了。

工具解读

一、标准普尔家庭资产四象限图

工具概述

理财是建立在对个人资产有效规划的基础之上的。个人的资产全部用来投资或者全部用来做定存都是不明智的。因此，标准普尔公司总结了家庭资产用途的四象限图。

工具解读

资产四象限图

按资产的用途，对个人或家庭资产进行科学分类，以提升资金的使用效率。

必须花的钱 日常生活开支必须花的钱，包括食品、服装等。	**应急的钱** 意外与应急，包括短期存款、保险等。
能够生钱的钱 这是能够生钱的钱，可用于风险较大的投资，如股票、房产等。	**保本升值的钱** 用于未来养老、教育的储备资金，在本金安全的前提下，追求收益。

四象限图

必须花的钱

10%～20%

这部分资产占个人或家庭资产的比例，因人而异。一方面，个人或家庭收入差距很大，支出差异也很大。比如，很多家庭有房贷、车贷的话，这部分资金的占比就会比较高。一般要准备6个月左右的家庭开支资金。当然，这里的占比是扣掉必须还的贷款之后的部分，主要花在食品、服装、住、行、旅游、孩子教育等费用上。

应急的钱

20%～30%

这部分资金属于日常储备资金，是用于突发性事件而不得不拿出的钱。这部分资金要求必须能够在突发事件出现时，满足需求。因此，存款与保险结合是一个好的选择。毕竟保险产品本身就具备以小博大的特点。通过少额的保险费用，满足风险防控需求也是一种不错的选择。

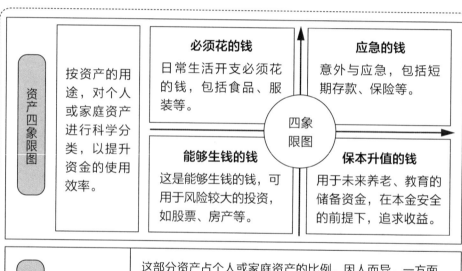

保本升值的钱	40%	这部分资金应该是占据个人或家庭资产最大的一部分，是为将来预做的谋划。能保本，能升值，是这部分资产最典型的要求。因此，一些债券型基金、国债产品等都是较为理想的选择。这部分钱是不能被随意取用的。
能生钱的钱	20%～30%	这部分资金以追求投资收益最大化为目标，因而可以承受相对较高的风险。一般来说，这部分资金不应超过家庭可利用资金的20%，毕竟需要面对较高的风险。 投资者可利用该项资金进行股票、期货、股票型基金，甚至房产、黄金等项目的投资。当然，所有的投资范围都应该是自己熟悉或了解的。

案例分析

家庭资产四象限分配案例

小宋在一家企业上班，收入不算高，但非常稳定。结婚时，家里给了一些“嫁妆”，加上自己这些年挣的钱和老公的收入，也有了一笔不小的积蓄，达到了100万元。

到底该如何分配这些资金，他们一直没有好的方式。目前，家庭每月开支在5000元左右，要考虑以后孩子的教育需求，还想拿出一部分来投资。

案例解读	上述案例中的情况，就可以应用标准普尔家庭资产四象限图进行合理的规划。 第一类，必须的支出。计算家庭月度开支情况，包括衣食住行方方面面的开支。月度支出按5000元计算，6个月的支出就应该在3万元左右。考虑各类突然支出，5万元到10万元就足以应付各类支出了。这部分支出不会超过总资产的10%。存在余额宝、微信零钱通等处即可。 第二类，应急的钱。鉴于小宋工作稳定，各方面保障都相对较好，因此，这部分资金贴近下限即可，也就是说，准备20万元左右的资金，以保险产品为主，如意外险、重疾险、寿险、医疗险等。

案例解读

第三类，能够生钱的钱。这是可以用于高风险、高收益品种投资的资金。鉴于小宋对理财或投资知识了解有限，选择一些基金产品或者指数基金产品、超级绩优股等是较为理想的选择。鉴于其工作相对稳定，可以拿出30%的资金投向该类资产。

第四类，长期教育储蓄资金。鉴于小宋的工作在各方面保障都相对较好，因此，为孩子准备长期的教育储备资金是较为明智的选择。这部分资金可占资产总额的40%。投资品种以教育险、年金险、国债、债券基金为主。

家庭资产配置图

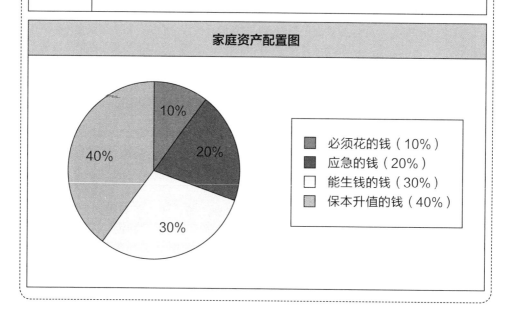

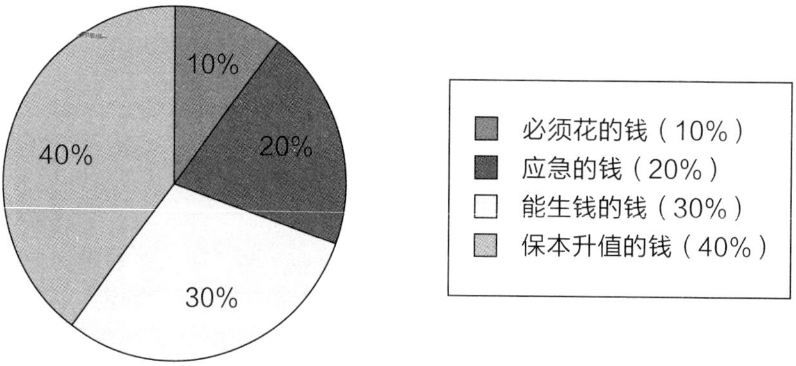

二、资产配置金字塔

工具概述

家庭与个人理财过程中，合理的风险资产配置，有助于实现资金的快速增值，但也会让资产面临一定的风险。

金字塔式资产配置，就是为了合理规划资产配置而设计的。

工具解读

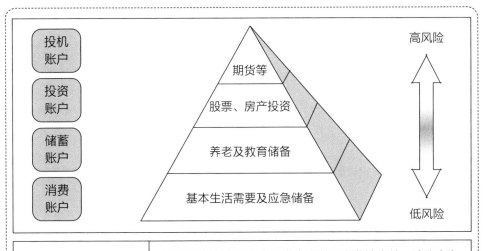

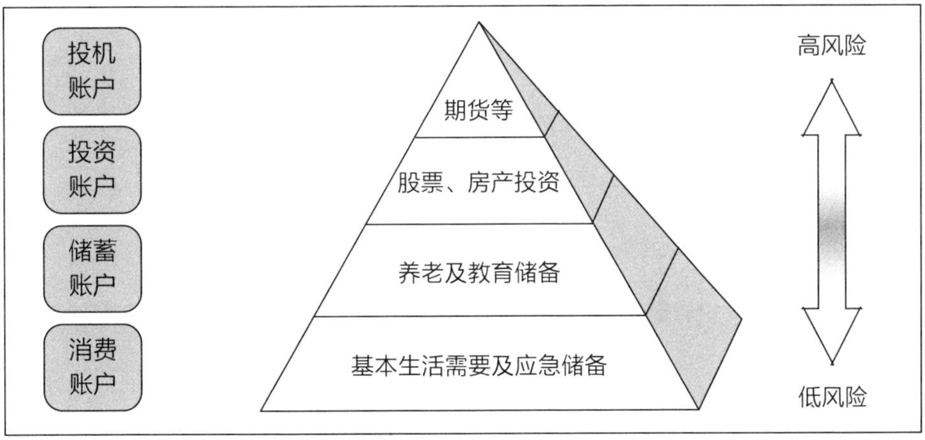

消费账户	20%～30%	该账户主要应对家庭日常支出以及突发性事件。该账户资金需要随时能拿出来，而不会受到任何损失。这部分资金以流动性为主要需求。在满足流动性要求的前提下，追求收益最大化。活期存款、货币基金、保险产品为主要投资品种。 比如，余额宝、微信零钱通、京东小金库等货币基金产品都是不错的选项。能够灵活取用的其他货币基金也是可选的标的。另外，还需配置一定的保险产品，以达到以小博大的效果。

储蓄账户	40%	该账户设置的目标是为了满足一定的特殊需求，如养老、教育，甚至单纯的家庭战略储备需求等。因此，该账户以保值、增值为主要目标。本金安全为第一需求，其次为增值需求。 大额存单、中长期定期存款、国债产品、债券基金等都是不错的选择。

投资账户	25%～30%	该账户主要承担家庭资产增值的目标，是能够拿来长期投资的资金，比如三年、五年不用的资金。该资金可以用于投资风险相对较高的资产，如股票、基金、房产等。 根据资金规模和个人所掌握的投资理财知识选择合适的投资标的。对于投资小白来说，基金特别是指数型基金是比较理想的选择。

投机账户 0%~10%	该账户并非所有人或家庭都要设计。有特殊需求或者确有一定闲钱，还对相关投资品种比较熟悉的人可以进行操作。但尽管如此，其资金占比也要控制好。 该账户用于挑战更高的收益。可以用于投资外汇、期货、艺术品等高风险和高收益品种。

案例分析

资产配置金字塔案例

张力是一家私企的中层管理人员。平时也非常喜欢学习一些理财知识，对股票、基金，甚至期货都有所涉猎，可以说是一位经验丰富的老股民了。家庭可动用的流动资产也达到了200万元的规模。

就是这样一位经验丰富的老股民，在安排家庭资产理财计划时，也以稳妥为主。

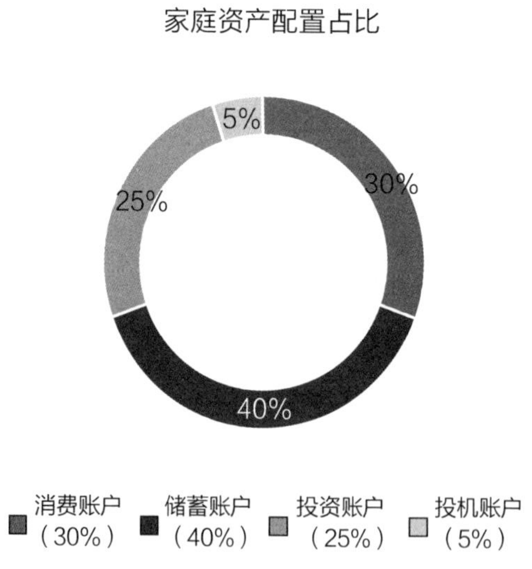

从左侧的资产配置图可见，张力的资产配置是非常稳妥的。尽管个人对股票、期货等投资品种较为熟悉，但投资账户和投机账户的总占比仅占30%左右，且投机账户仅为5%，这说明他不仅在追求资产的快速升值，也在防控风险。储蓄账户仍是最大的比重，这也是为以后所做的打算。消费账户的30%占比，覆盖了家庭的日常支出，也包括了应对突发性事件的支出。

三、美林投资时钟

工具概述

美林投资时钟（简称美林时钟）是美国著名投资银行美林公司首创的一种分析方法，这种方法把资产价格轮动与经济周期有机结合起来，是一种实用的大类资产配置分析工具。

工具解读

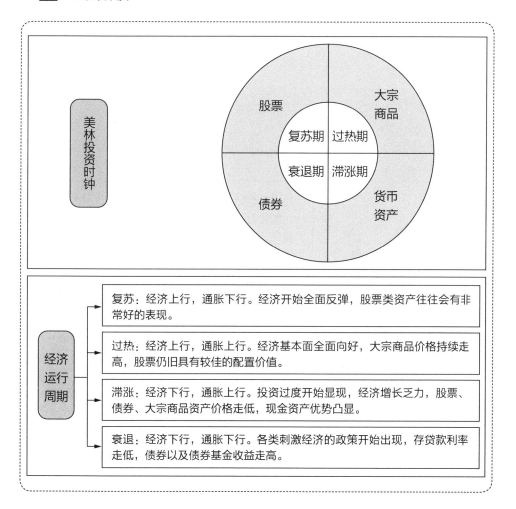

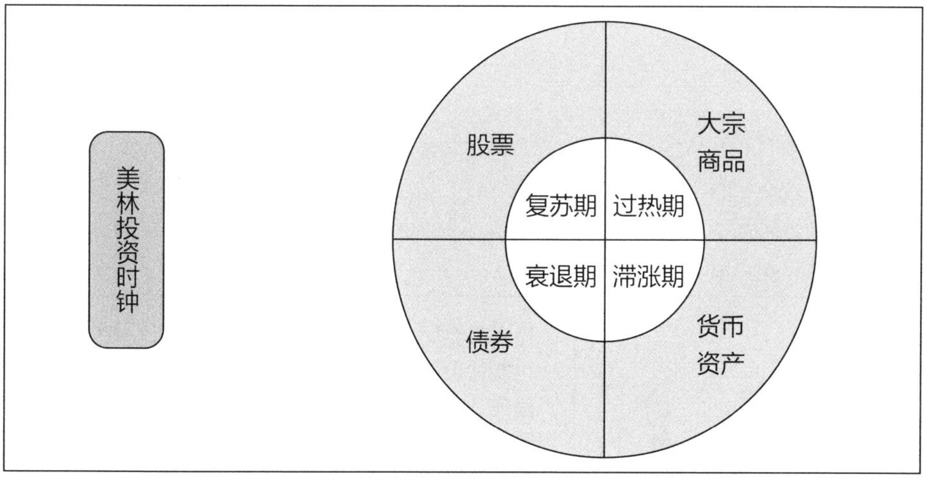

经济运行周期

- 复苏：经济上行，通胀下行。经济开始全面反弹，股票类资产往往会有非常好的表现。
- 过热：经济上行，通胀上行。经济基本面全面向好，大宗商品价格持续走高，股票仍旧具有较佳的配置价值。
- 滞涨：经济下行，通胀上行。投资过度开始显现，经济增长乏力，股票、债券、大宗商品资产价格走低，现金资产优势凸显。
- 衰退：经济下行，通胀下行。各类刺激经济的政策开始出现，存贷款利率走低，债券以及债券基金收益走高。

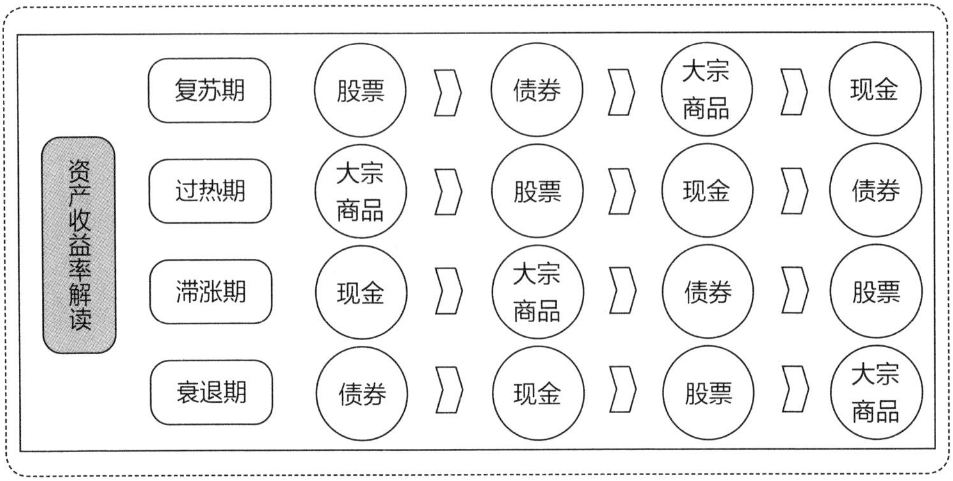

工具示例

美林时钟在基金投资布局方面，到底有哪些作用呢？这是很多基金投资者比较关心的一个问题。

投资基金时，若能学会美林投资时钟这一工具，也能让自己的投资收益倍增。

首先，在经济复苏期，优先选择一些股票型基金或指数型基金，减少债券型基金和货币型基金的配置。

第二，在经济过热期，需要减少债券型基金的配置，保留股票型基金，并加大货币型基金的配置。

第三，在经济进入滞涨期后，大幅减少甚至清仓股票型基金，加大货币型基金。

第四，在衰退期，加大债券型基金的配置，保留一定的货币型基金仓位，减少甚至不建立股票型基金仓位。

四、从哑铃式向纺锤体过渡

工具概述

哑铃式资产配置，是指在配置过程中，容易走极端路线，不是偏重于无风险的银行存款，就是走向了高风险的股票等风险资产，介于两者之间的资产配置占比很低。这在一定程度上抑制了资产的增值，或让资产面临的风险无限地放大了。

工具解读

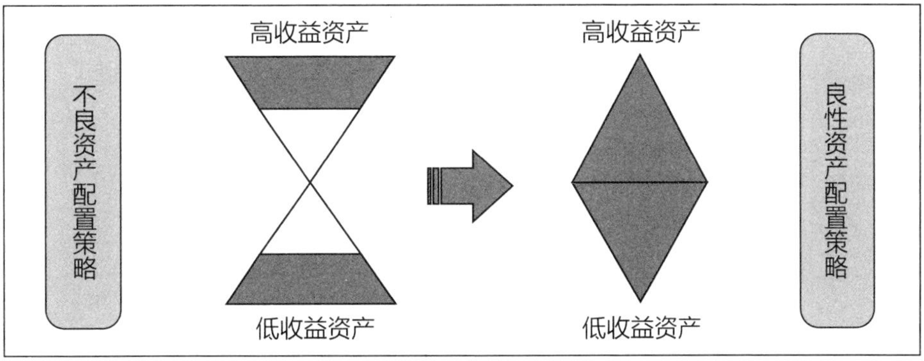

解读

目前，很多家庭的资产配置策略仍以银行存款为主，同时，也有一些家庭选择将一部分资产转入股市。这就形成了两头重的哑铃式资产配置，即偏重高风险高收益资产和低风险低收益资产。这类资产配置，要么容易错失获得更高资产增值的机会；要么容易让自己的资产面临极高的风险（股市）。

良性的资产配置方式应该是纯粹的低风险低收益产品和高风险高收益产品占比都很低，而中风险中收益的产品占比偏高，即纺锤体资产配置。

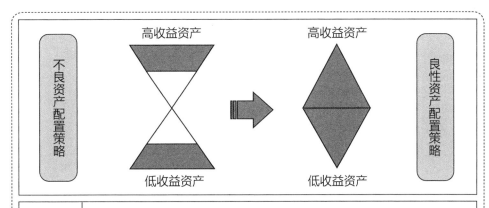

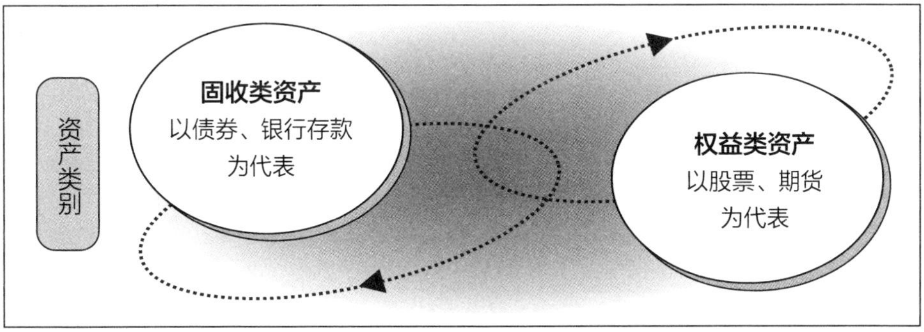

解读

在固收类产品与权益类产品中，债券与股票是最为典型的两类产品，也是我们进行资产配置时，需要着重考虑的两个项目。
债券，包括各类纯债基金，属于典型的固收产品。绝大多数债券产品在长周期内都能取得正收益。当然，收益相对较低，而风险较小，是其典型特征。
股票，包括股票型基金，则是典型的高风险品种，收益可能很高，但风险也是非常大的。因此，将股票与债券类资产进行合理的配置，无疑可以提升资产的收益率，并降低资产所承受的风险。

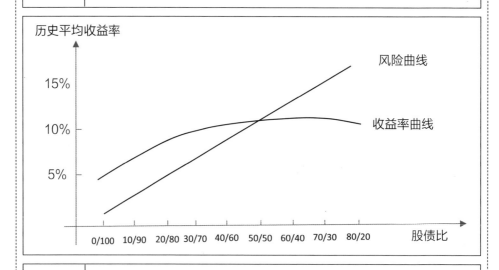

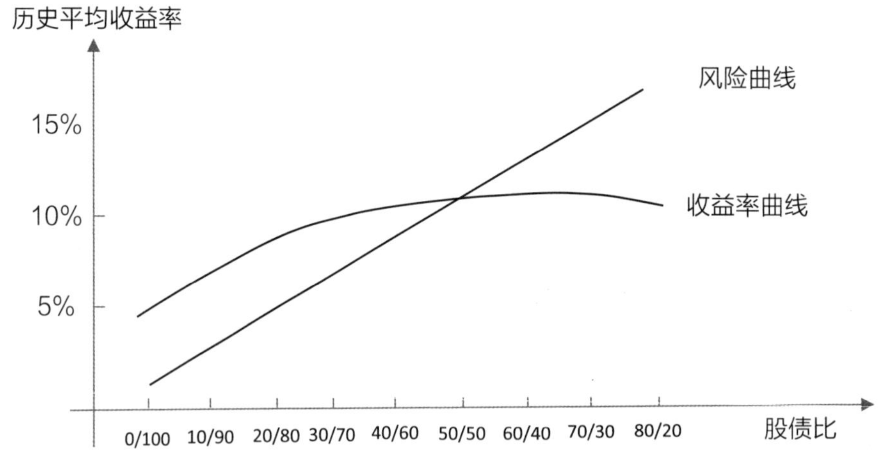

解读

债券与股票不同的配比策略，决定了资产组合不同的平均收益率和所面临的风险系数。股票资产配置越高，承受的风险越大；债券资产配置越高，收益越低。而且从目前的经济形势来看，利率下行将成为一种常态，债券的收益率也会同步呈现出明显的下行态势。
从上图中可以看出，在股债比大约为60/40时，收益达到最高，而非80/20。同时，当股债比中即使股票占比只有10%或20%时，整个资产组合的收益也要比单纯的债券高出很多。同时，这种股票占比让资产所面临的风险又很低。这也是目前市场上很受欢迎的两种“固收+”产品的资产组合策略。

第二章
稳定收益理财工具

第一节　银行存款

工具概述

银行存款以其安全性高而成为多数家庭理财的优先选项。不过，相比其他理财方式，银行存款利息较低。其实，这与投资领域风险与收益相对应的原理是相符的。

工具解读

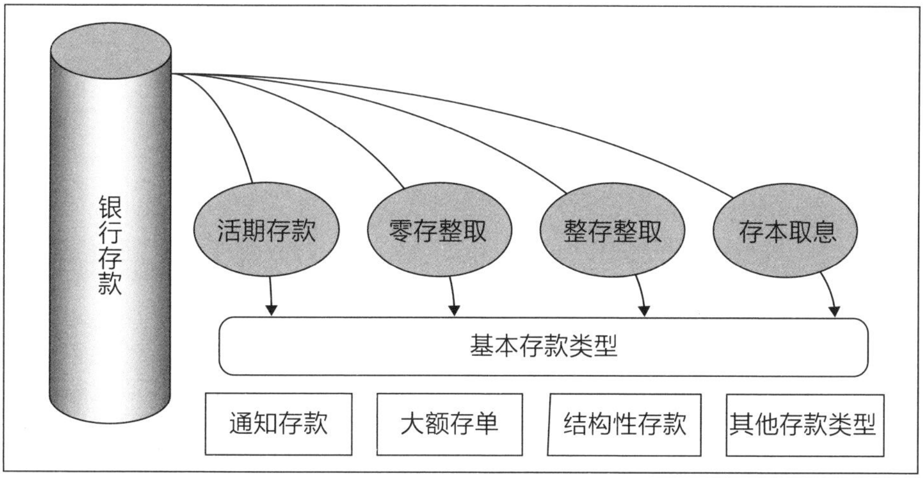

银行存款的利息特点：

第一，定额存款利息优于活期储蓄。
第二，大额存款利息优于小额存款。
第三，存款时间越长，利息越高。定期存款分3个月、6个月、1年、2年、3年、5年。利息随存款时间增加而增加。

一、银行存款规划

工具概述

银行存款的种类很多，利息完全不同。银行存款规划的出发点就是尽可能多获得一些利息。这也是理财的精髓所在。

工具解读

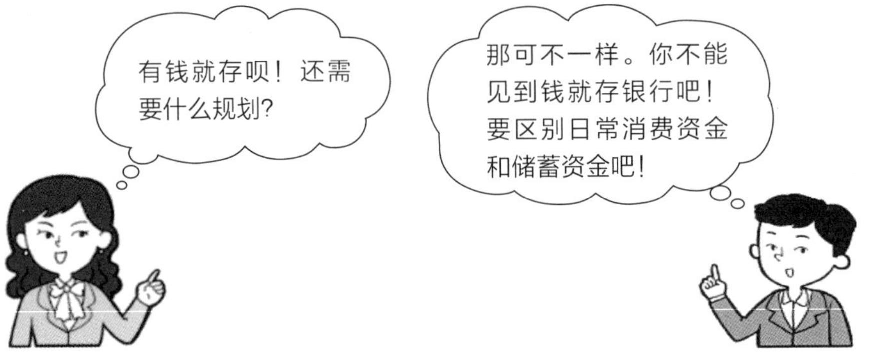

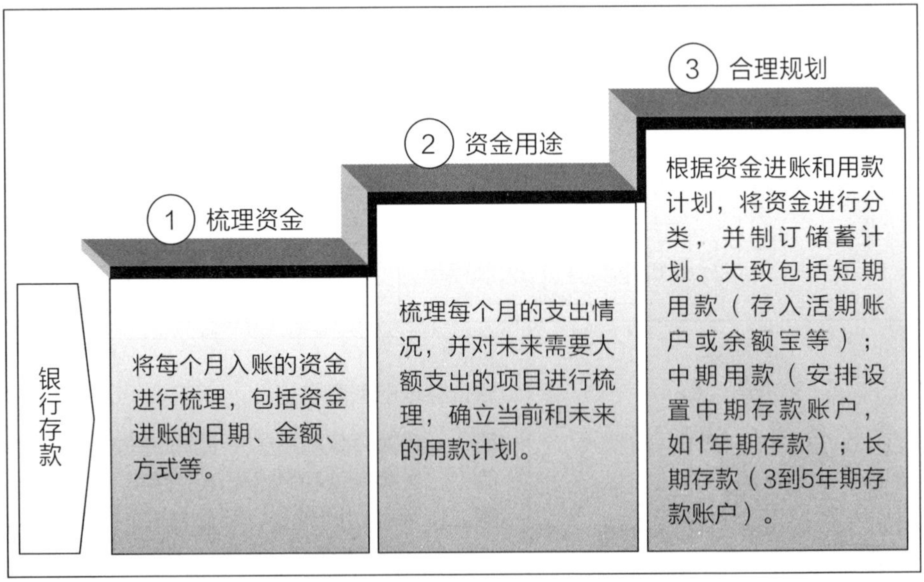

二、分散存单

工具概述

生活中，有很多事情并非如先前计划的一样。有时，定期存单不得不提前支取，这就会让存款利息损失很多。

工具解读

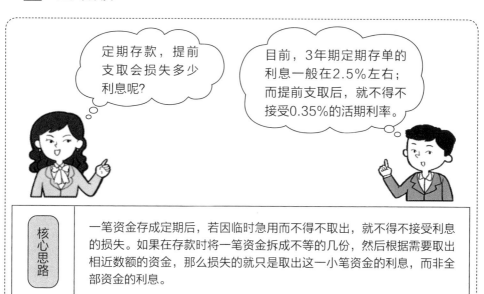

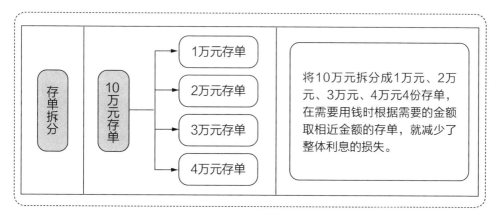

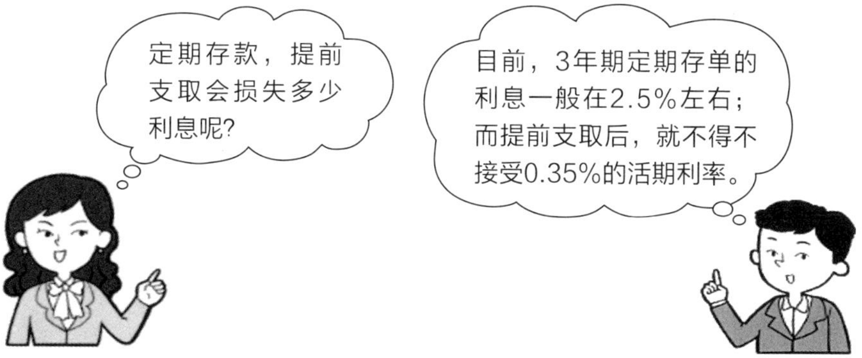
定期存款，提前支取会损失多少利息呢?
目前，3年期定期存单的利息一般在2.5%左右；而提前支取后，就不得不接受0.35%的活期利率。

核心思路	一笔资金存成定期后，若因临时急用而不得不取出，就不得不接受利息的损失。如果在存款时将一笔资金拆成不等的几份，然后根据需要取出相近数额的资金，那么损失的就只是取出这一小笔资金的利息，而非全部资金的利息。

工具示例

存单拆分	10万元存单 → 1万元存单、2万元存单、3万元存单、4万元存单	将10万元拆分成1万元、2万元、3万元、4万元4份存单，在需要用钱时根据需要的金额取相近金额的存单，就减少了整体利息的损失。

三、组合存款法

工具概述

通常来说，存款期限越长，利息就越高。目前，5 年期存款利率远远高于 1 年期存款利率。因此，通过合理的存款设计，更多地存 5 年期是较为明智的选择。

工具解读

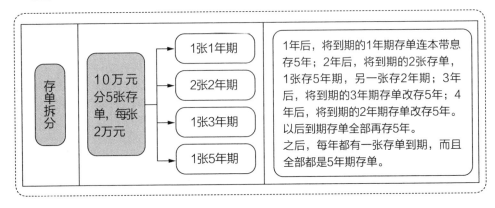

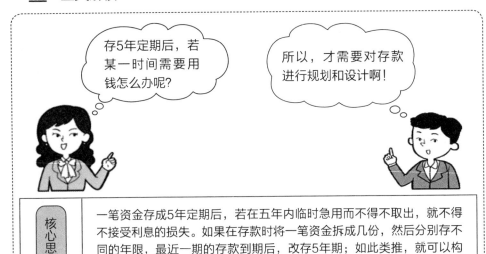

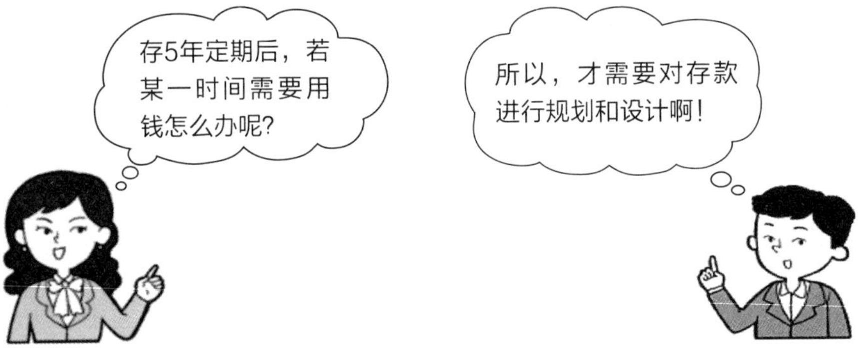
存5年定期后，若某一时间需要用钱怎么办呢？
所以，才需要对存款进行规划和设计啊！

核心思路	一笔资金存成5年定期后，若在五年内临时急用而不得不取出，就不得不接受利息的损失。如果在存款时将一笔资金拆成几份，然后分别存不同的年限，最近一期的存款到期后，改存5年期；如此类推，就可以构筑一个5年定期存款的循环。

工具示例

存单拆分	10万元分5张存单，每张2万元 → 1张1年期；2张2年期；1张3年期；1张5年期	1年后，将到期的1年期存单连本带息存5年；2年后，将到期的2张存单，1张存5年期，另一张存2年期；3年后，将到期的3年期存单改存5年；4年后，将到期的2年期存单改存5年。以后到期存单全部再存5年。 之后，每年都有一张存单到期，而且全部都是5年期存单。

四、12滚动存单法

工具概述

对于上班族来说，每月都会有一笔固定的收入，而这些资金又不知道什么时候会用。因此，运用 12 滚动存单法可以有效地增加存款的利息收入。

工具解读

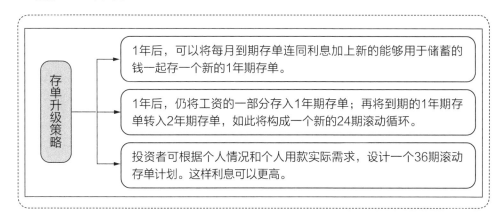

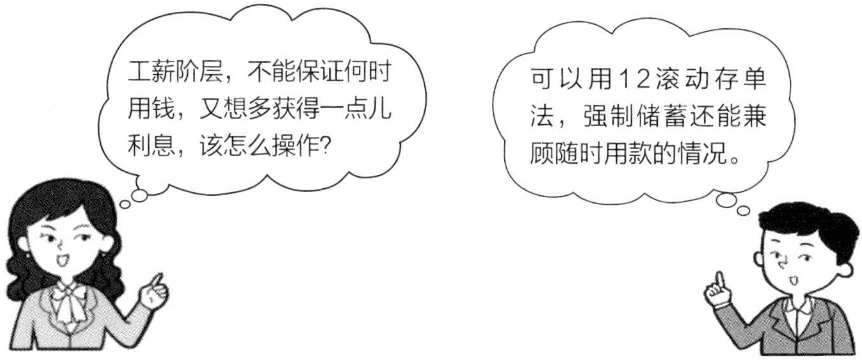
工薪阶层，不能保证何时用钱，又想多获得一点儿利息，该怎么操作?
可以用12滚动存单法，强制储蓄还能兼顾随时用款的情况。

核心思路	按照个人每月工资收入与支出的实际情况，提取一部分剩余款项，做1年期定存。也就是说，每个月固定存一个1年期定期存单。如此类推，持续存12个月。这样，从下一年度开始，每个月就会有一笔固定收益进账。

工具示例

存单升级策略

- 1年后，可以将每月到期存单连同利息加上新的能够用于储蓄的钱一起存一个新的1年期存单。
- 1年后，仍将工资的一部分存入1年期存单；再将到期的1年期存单转入2年期存单，如此将构成一个新的24期滚动循环。
- 投资者可根据个人情况和个人用款实际需求，设计一个36期滚动存单计划。这样利息可以更高。

第二节　货币型基金

工具概述

货币型基金本质上是一种开放型基金，因其申赎灵活，且利息高于活期存款，而大受投资者欢迎。支付宝内的余额宝（先前只接入了天弘货币基金）也一度成为最大的单一货币基金。

工具解读

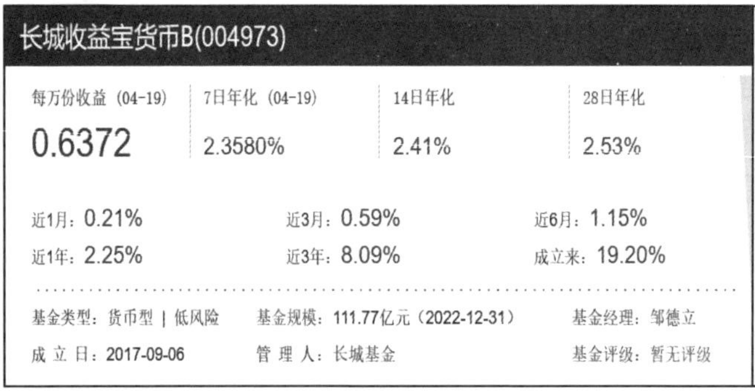

长城收益宝货币B(004973)

每万份收益（04-19）	7日年化（04-19）	14日年化	28日年化
0.6372	2.3580%	2.41%	2.53%

近1月：0.21%　近3月：0.59%　近6月：1.15%

近1年：2.25%　近3年：8.09%　成立来：19.20%

基金类型：货币型 | 低风险　基金规模：111.77亿元（2022-12-31）　基金经理：邹德立

成 立 日：2017-09-06　管 理 人：长城基金　基金评级：暂无评级

左图为长城收益宝货币B基金最近一段时间的收益情况。从其收益数据中可以看出，其收益非常稳定，年收益在2.25%左右。这比1年以内的定期存款高。

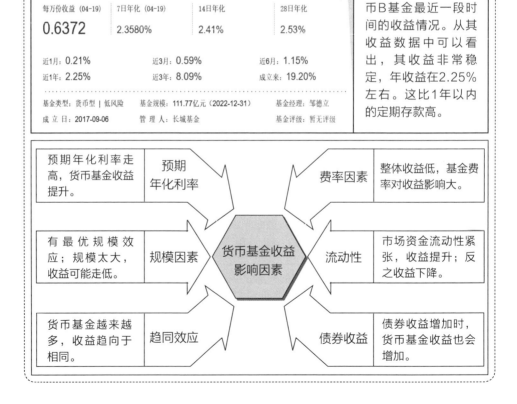

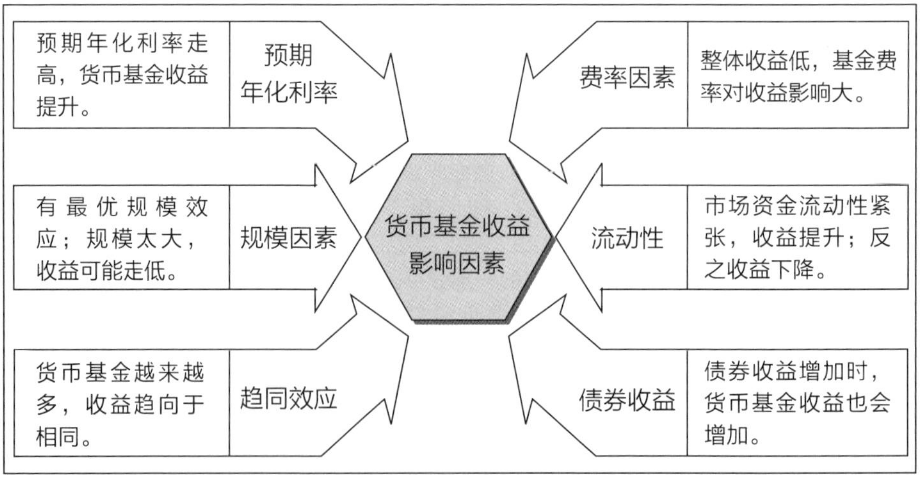

货币基金收益影响因素
预期年化利率
预期年化利率走高，货币基金收益提升。
规模因素
有最优规模效应；规模太大，收益可能走低。
趋同效应
货币基金越来越多，收益趋向于相同。
费率因素
整体收益低，基金费率对收益影响大。
流动性
市场资金流动性紧张，收益提升；反之收益下降。
债券收益
债券收益增加时，货币基金收益也会增加。

一、投向分析

工具概述

货币型基金资产主要投资于短期货币工具（一般期限在一年以内，平均期限 120 天）。通常都是一些高安全系数和稳定收益的品种，对于很多希望回避证券市场风险的企业和个人来说，货币型基金是一个不错的选择。

工具解读

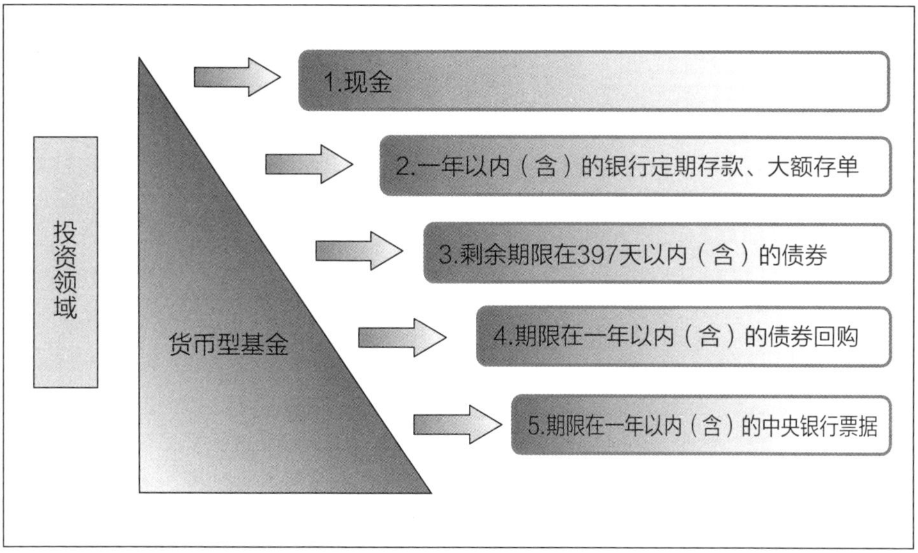

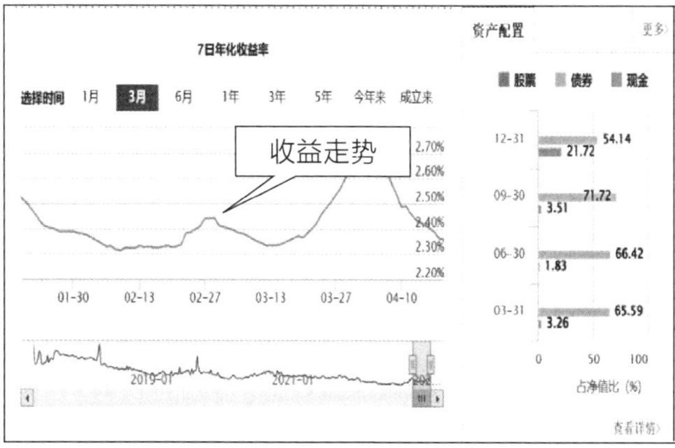

左图为长城收益宝货币基金最近三个月的收益率波动情况。若从货币基金角度来看，该基金的收益波动还是较为剧烈的，这与其资产配置中债券的配置比例相对较高有一定的关系。

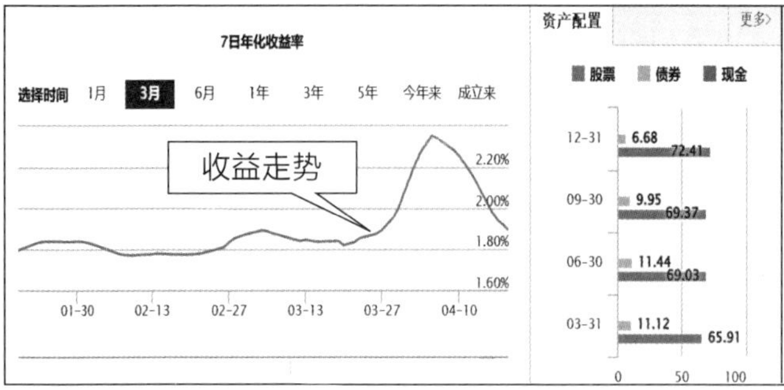

左图为天弘余额宝货币基金的年化收益走势图。从其仓位配置中可见，该基金的债券配置相对较低，这也使得该基金的收益及波动都低于前面的长城收益宝。

二、投资策略

工具概述

从某种意义上来看，货币型基金更多的是被投资者用来替代活期存款的。便于申赎是货币型基金最吸引投资者的地方。尽管货币型基金的收益率不高，但通过合理的投资安排，还是会让这种投资收益“更上一层楼”的。

工具解读

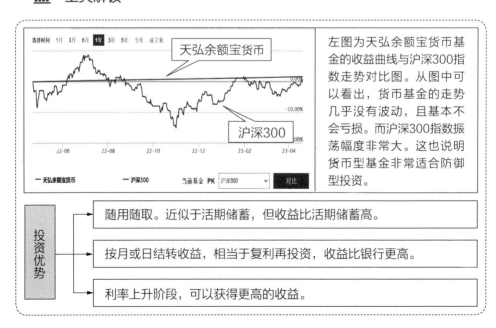

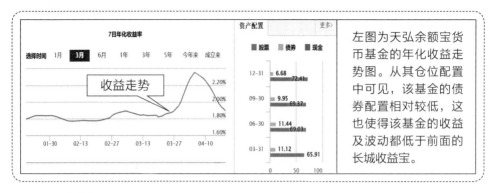

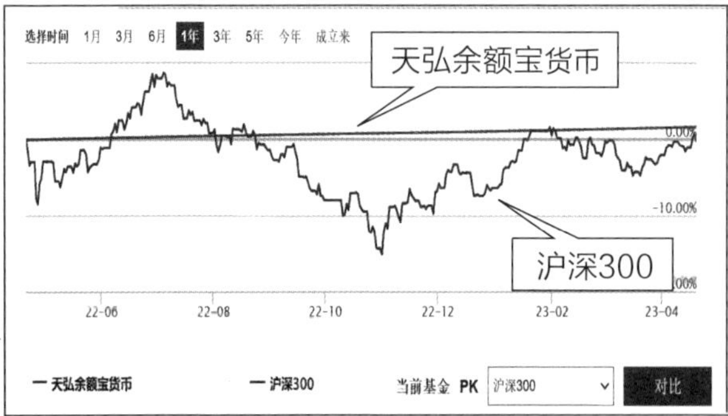

左图为天弘余额宝货币基金的收益曲线与沪深300指数走势对比图。从图中可以看出，货币基金的走势几乎没有波动，且基本不会亏损。而沪深300指数振荡幅度非常大。这也说明货币型基金非常适合防御型投资。

投资优势

- 随用随取。近似于活期储蓄，但收益比活期储蓄高。
- 按月或日结转收益，相当于复利再投资，收益比银行更高。
- 利率上升阶段，可以获得更高的收益。

投资要点

- 投资行为。购买货币型基金仍属于投资行为。需要多了解各类货币型基金的收益，构建投资组合，以使收益最大化。
- 一些大型的基金销售平台或网站，可以提供种类更多的货币型基金，能够提高选择的效率。

工具应用

投资原则

收益最大化原则
通过基金销售网站或者平台对货币型基金的收益进行排名，选择收益最高的几只基金作为备选基金品种。

运营稳定原则
选择货币型基金产品时，可以选择那些运营时间较长的，且收益一直比较稳定的品种。

规模适中原则
一只基金的规模过大或过小时，基金管理人员很难将自己的运营水平发挥到最佳。

交易灵活原则
根据对资金的使用需求选择灵活申赎的货币型基金。

基金选择技巧	实战要点
投入资金	积少成多，化零为整。习惯养成更为重要。
转换基金	挑选便于转换的基金，随时切换至高收益基金。
增值服务	一些基金销售平台或基金公司能够提供增值服务，让收益增厚。
T+0交易	大部分货币型基金的申赎都非常便捷，但即时申赎的基金更佳。

核心要点

申赎关键时间点

- **15:00**：15:00是股市收盘的时间点，也是基金收盘整理的时间点。在15:00之前提交申购请求，将按照当日收盘价格计算基金份额，并从次日（T+1）开始计算收益；反之，在15:00之后申购基金，将按照下一个交易日的收盘价格计算基金份额，并从T+2日开始计算收益。
- **星期四**：想要周末获得收益，那就必须在周四15:00之前申购货币基金，这样，周五将会取得投资收益，周末将会自动获得投资收益。反之，若周五15:00之前申购，那么，将会在下周一取得收益。

工具示例

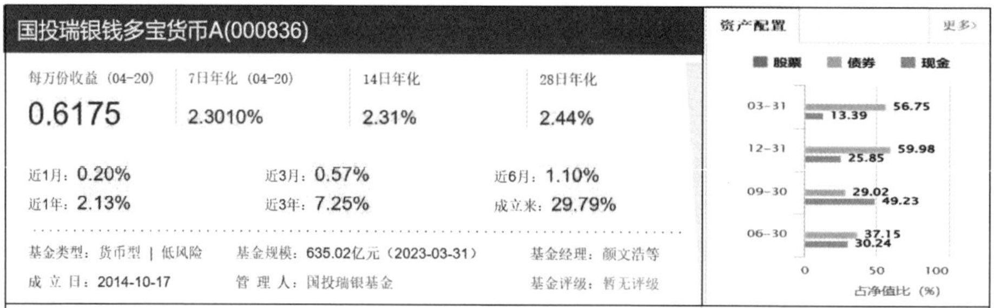

上图为国投瑞银钱多宝货币A基金近期收益及其资产配置情况。

从图中的数据可以看出，最近一年的收益为2.13%，最近三年的收益达到了7.25%，对于几乎没有任何投资风险的货币型基金而言，这已经是相当不错的收益了。

从其持仓情况可以看出，债券持仓近期达到了55%以上，现金持仓相对较低。这也是该基金净值能够走高的一个基础。

收益率分析

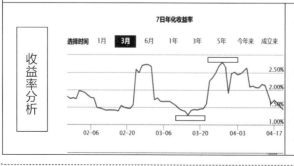

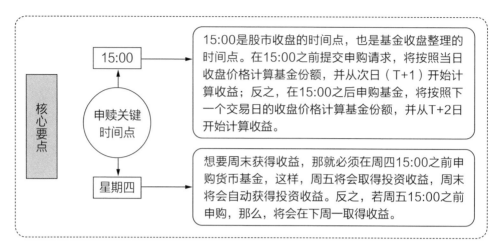

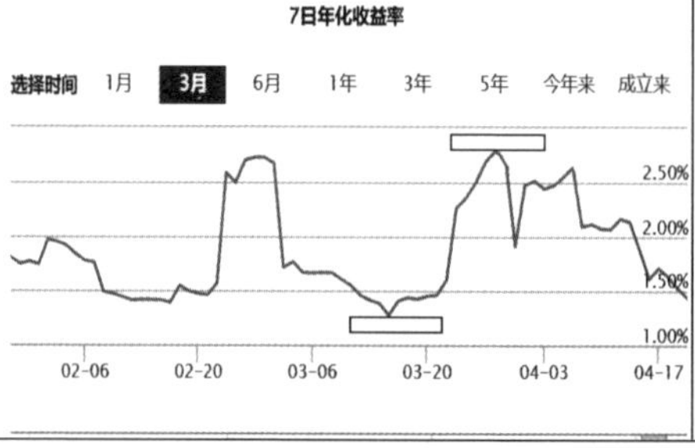

左图为富荣货币A基金的7日年化收益走势情况。从图中可以看出，尽管该基金属于货币基金，没有出现亏损，但收益率出现了较为剧烈的波动，一度低于1.3%，还曾高于2.75%。这与该基金持仓的债券相对较多有直接的关系。

<table>
<tr>
<td>收益走势</td>
<td>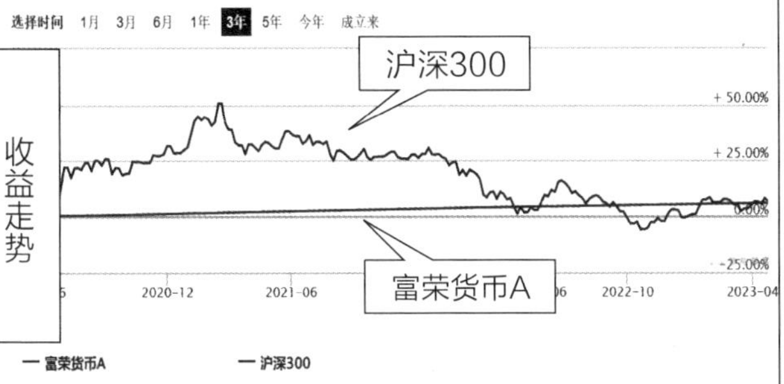
</td>
<td>左图为富荣货币A基金与沪深300指数走势的对比图。从其对比中可以看出，在之前的三年时间里，沪深300指数经历了大规模的振荡，而富荣货币A基金的收益却一直呈现稳定增长的态势。三年下来，两者的收益几乎差不多。</td>
</tr>
<tr>
<td>综述</td>
<td colspan="2">货币型基金最大的特点就是稳定、低风险，投资者可用来替代活期储蓄。将其作为日常备用金随用随取也是不错的选择。持有一定数量的货币型基金作为资产配置的一部分，也是可以考虑的，而且这部分基金无须投资者平时监控或进行操作。</td>
</tr>
</table>

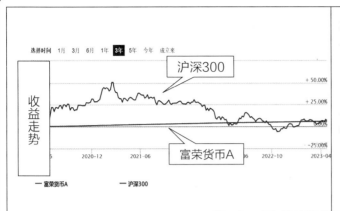

第三节 国债及国债逆回购

工具概述

国债，又称国家公债，是国家以其信用为基础，按照债券的一般原则，通过向社会筹集资金所形成的债权债务关系。国债是由国家中央政府发行的一种政府债券。

工具解读

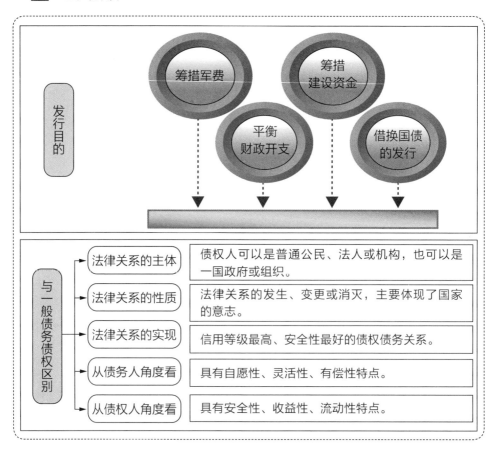

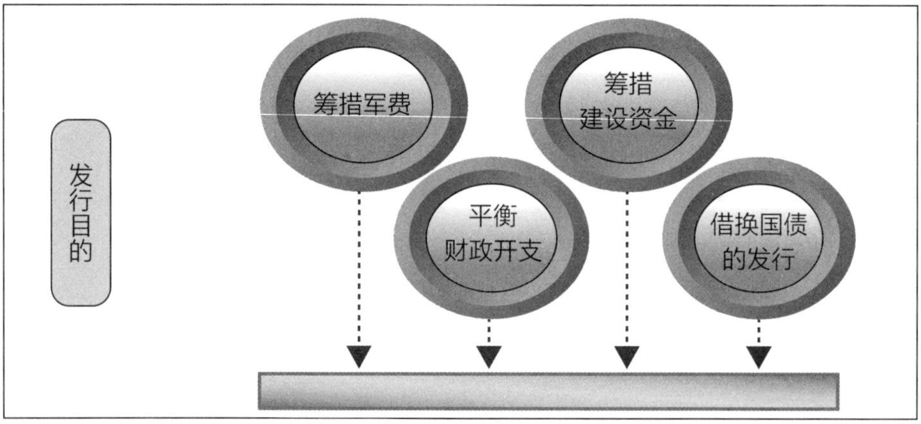

与一般债务债权区别：

法律关系的主体	债权人可以是普通公民、法人或机构，也可以是一国政府或组织。
法律关系的性质	法律关系的发生、变更或消灭，主要体现了国家的意志。
法律关系的实现	信用等级最高、安全性最好的债权债务关系。
从债务人角度看	具有自愿性、灵活性、有偿性特点。
从债权人角度看	具有安全性、收益性、流动性特点。

一、国债特点及收益影响因素

工具概述

国债的种类非常多，而且很多国债的用途都有特殊的指向。各类国债购买的途径也可能存在很大的不同。投资者需要结合自己的实际来选择。

工具解读

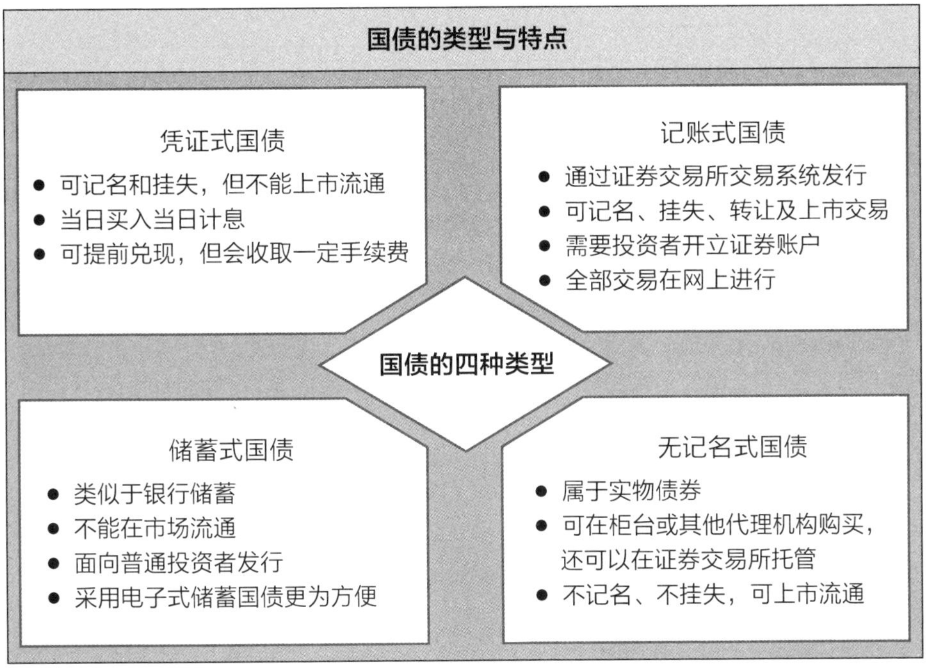
国债的类型与特点
凭证式国债
可记名和挂失，但不能上市流通
当日买入当日计息
可提前兑现，但会收取一定手续费
记账式国债
通过证券交易所交易系统发行
可记名、挂失、转让及上市交易
需要投资者开立证券账户
全部交易在网上进行
国债的四种类型
储蓄式国债
类似于银行储蓄
不能在市场流通
面向普通投资者发行
采用电子式储蓄国债更为方便
无记名式国债
属于实物债券
可在柜台或其他代理机构购买，还可以在证券交易所托管
不记名、不挂失，可上市流通

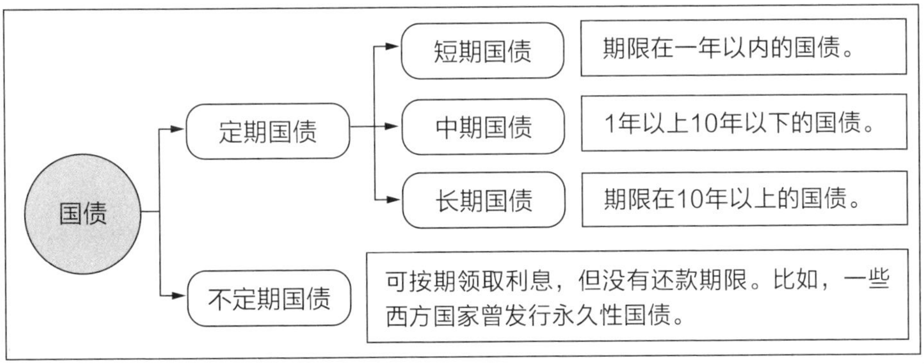
国债
定期国债
短期国债
期限在一年以内的国债。
中期国债
1年以上10年以下的国债。
长期国债
期限在10年以上的国债。
不定期国债
可按期领取利息，但没有还款期限。比如，一些西方国家曾发行永久性国债。

典型特点

特点	说明
安全性	在所有的债券中，国债拥有最高的信用，几乎没有风险。
流通性强	发行量大，在场内场外都可以流通。
收益稳定	国债的交易价格相对比较稳定，一般不会出现较大的波动。
免税	购买国债一般都会免征所得税。

影响国债收益的因素

因素	说明
市场利率	市场利率是制约国债利率的主要因素。因其安全性高，可低于市场利率水平。
银行利率	市场利率会围绕银行利率波动。国债的利率也以银行利率为基准，略高于银行利率。
社会资金供需	当社会流动资金较宽裕时，市场利率会走低，资金就会热衷于投资国债。

二、国债逆回购

工具概述

国债逆回购，本质上就是一种短期贷款，即个人通过国债回购市场把自己的资金借出去，获得固定的利息收益；而回购方，也就是借款人用自己的国债作为抵押获得这笔借款，到期后还本付息。

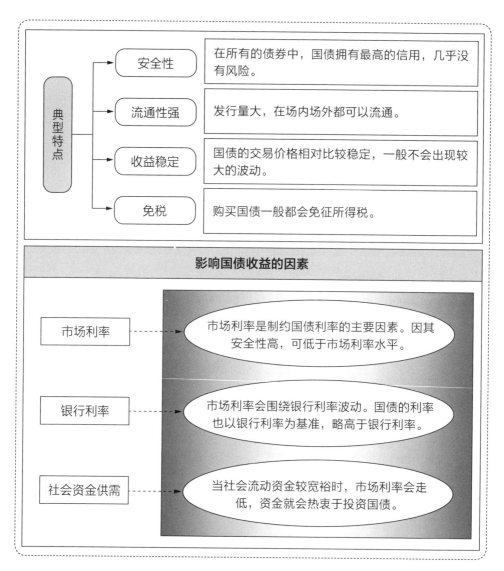

工具解读

国债逆回购的特点

特点	解释
安全性好	证券交易所监管，不存在资金不能归还的情况。
收益率高	收益率高，尤其在月底年底资金面紧张时。
操作方便	直接在开立的账户中一键操作，到期资金自动到账，无须过问。
流动性好	资金到时自动到账，可购买股票和其他理财产品，随时锁定收益。
手续费低	手续费根据操作天数计算。

国债逆回购的操作要点

操作要点

- 需要在证券公司开立交易账户或股票账户。
- 可在网上交易系统内下达交易指令或电话委托交易。
- 到期后，资金当日回笼当日可用，但若提取需等到下一个交易日。
- 到期后，回笼资金可直接用于下一批次国债逆回购。

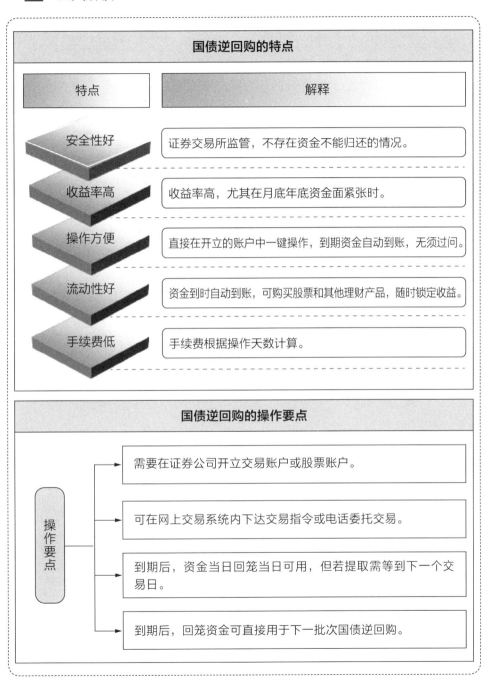

工具示例

深市		沪市		
品种	年化收益率(%)	每10万收益	资金可用	计息天数
1天期 R-001 131810	1.990	5.45	08-24	1天
2天期 R-002 131811	1.930	21.15	08-25	4天
3天期 R-003 131800	1.950	26.71	08-28	5天
4天期 R-004 131809	1.880	25.75	08-28	5天
7天期 R-007 131801	1.960	37.59	08-30	7天
14天期 R-014 131802	2.015	77.29	09-06	14天
28天期 R-028 131803	1.950	149.59	09-20	28天
91天期 R-091 131805	1.950	486.16	11-22	91天
182天期 R-182 131806	1.990	--	--	--

深市		沪市		
品种	年化收益率(%)	每10万收益	资金可用	计息天数
1天期 GC001 204001	1.985	5.44	08-24	1天
2天期 GC002 204002	1.930	21.15	08-25	4天
3天期 GC003 204003	1.920	26.30	08-28	5天
4天期 GC004 204004	1.950	26.71	08-28	5天
7天期 GC007 204007	1.965	37.68	08-30	7天
14天期 GC014 204014	2.015	77.29	09-06	14天
28天期 GC028 204028	1.965	150.74	09-20	28天
91天期 GC091 204091	2.040	508.60	11-22	91天
182天期 GC182 204182	2.045	--	--	--

解读

上图分别为深市和沪市2023年8月23日国债逆回购收益率数据。从两图对比来看，深市与沪市国债逆回购的利率十分相近，普遍在2%左右（年化收益率）。这比同期的1年期定期存款利率高。

投资者可根据资金闲置天数、利率水平购买合适的品种。

第三章
中低风险理财工具

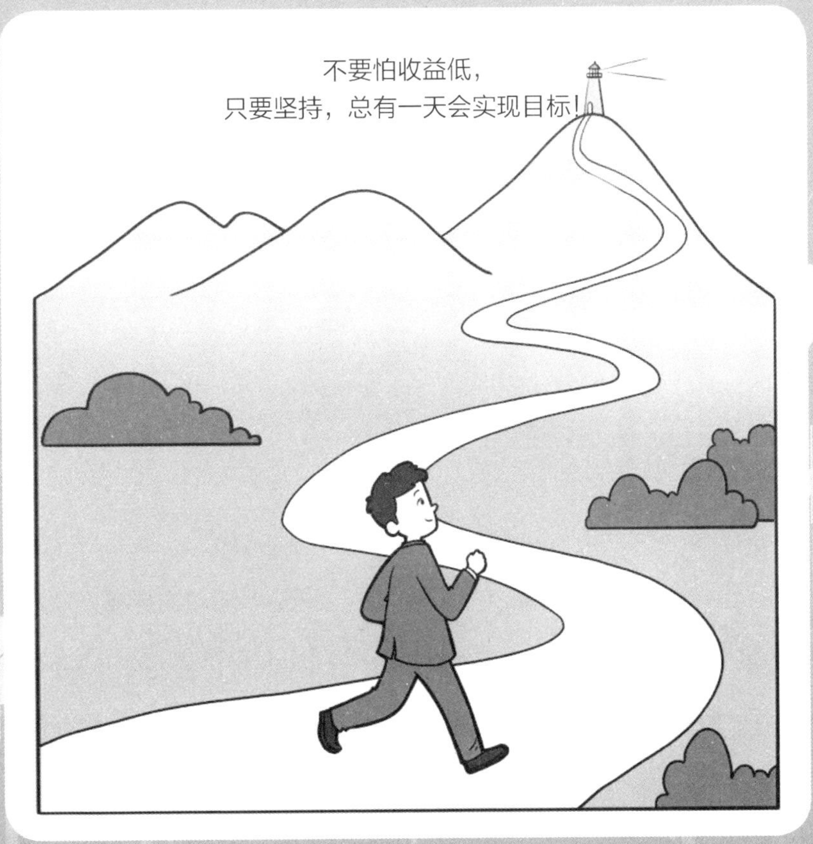
不要怕收益低，
只要坚持，总有一天会实现目标！

第一节　债券型基金工具

工具概述

债券型基金，是指投资于债券市场的基金。债券型基金的盈利上限要远远低于股票型基金，但亏损的下限也远远高于股票型基金。与货币型基金相比，债券型基金的收益要好很多，但风险也大于货币型基金。

工具解读

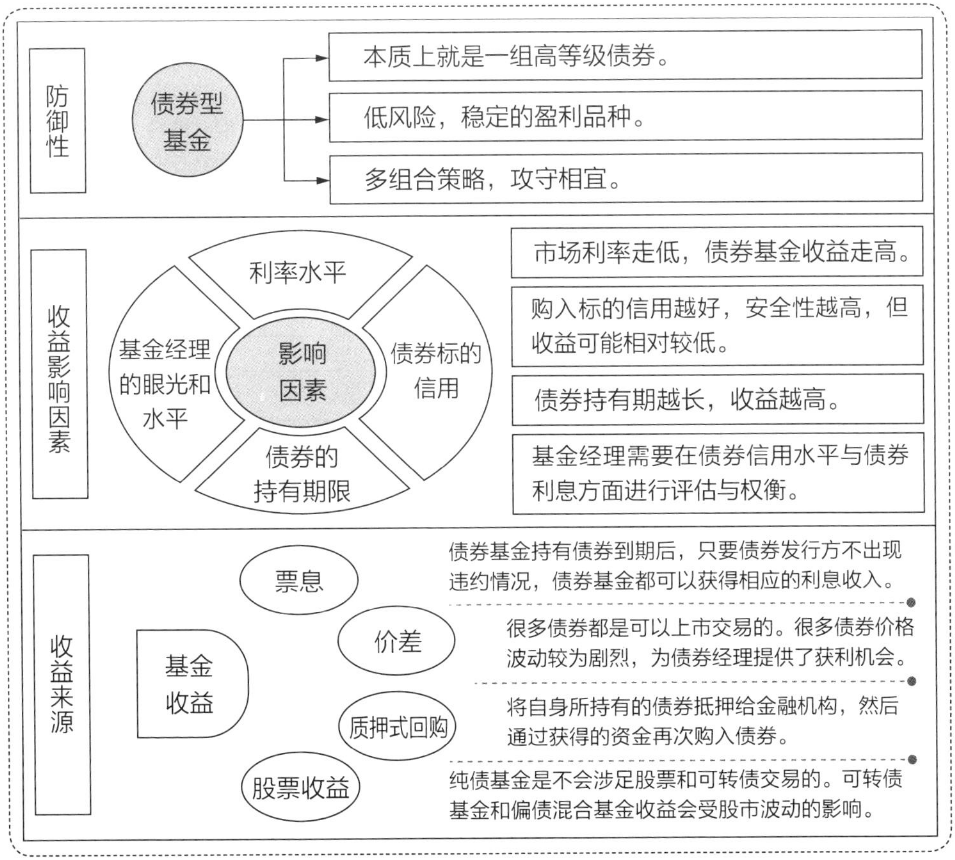

一、投向分析

工具概述

从名称上可以看出，债券型基金主要的投资方向在债券领域。但债券本身又可细分为多个种类，如国债、金融债、可转债、信用债等。不同的投资领域，直接影响了债券基金的投资收益与风险水平。

工具解读

股票持仓 | 债券持仓 | 更多 >

债券名称	持仓占比	涨跌幅
20进出	5.62%	--
19国开	4.11%	--
22农发	3.99%	--
22浦发	3.89%	--
22浙商	3.89%	--

前五持仓占比合计： 21.50%

左边两幅图分别为长信稳益纯债的累计收益走势图和重仓债券数据。从图中可以看出，尽管短线存在回调的可能，但长线是上涨的，且债券持仓相对均匀，单只债券仓位占比不大。

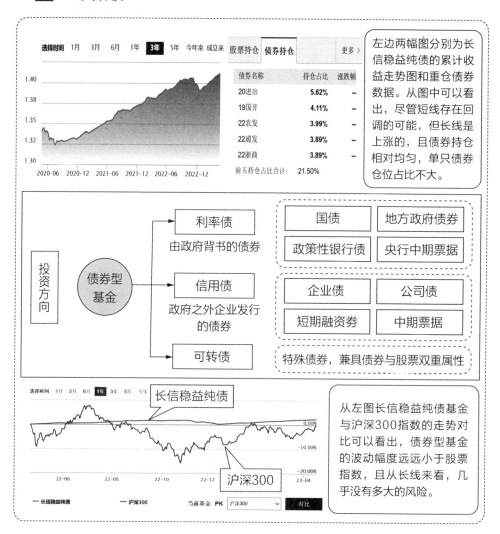

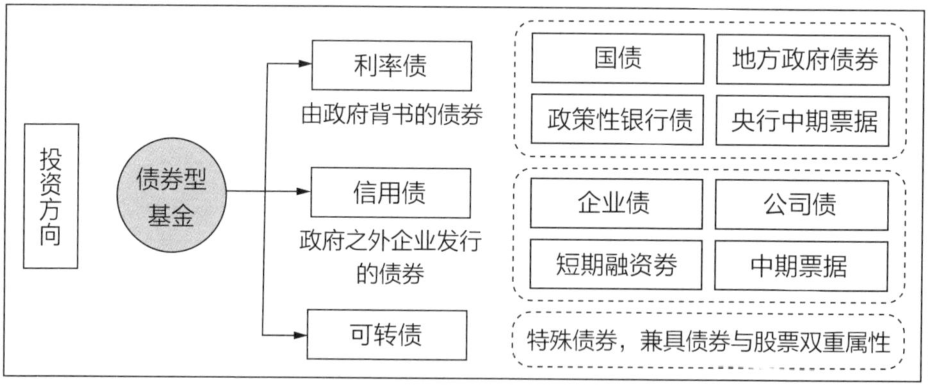

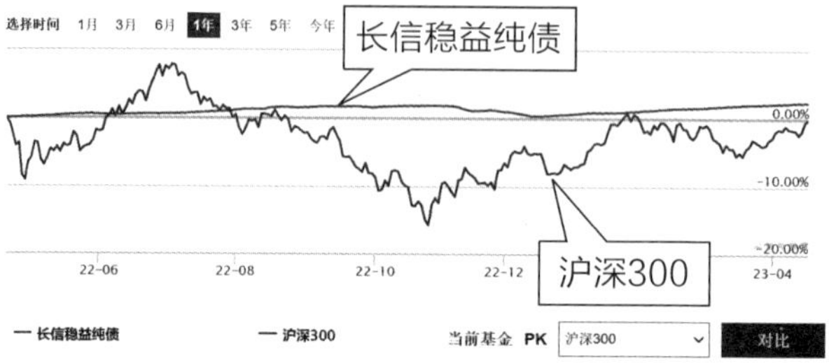

从左图长信稳益纯债基金与沪深300指数的走势对比可以看出，债券型基金的波动幅度远远小于股票指数，且从长线来看，几乎没有多大的风险。

二、投资策略

工具概述

从整体上来看，债券型基金（可转债基金除外）的收益波动幅度不大，风险相对较低，属于比较稳妥的防御性品种。比较适合股市处于熊市周期时，投资者的防御性投资，也比较适合保守型投资。

工具解读

债券类型与持仓分布

债券持仓

持仓比例		纯债基金	二级债基	偏债型混合基金
债券持仓	上限	95%	95%	95%
	下限	80%	80%	40%
股票持仓	上限	0	20%	40%
	下限	0	0	0
总持仓量		95%	95%	95%

债券型基金中，持仓股票越高，基金净值受股市波动影响越大。

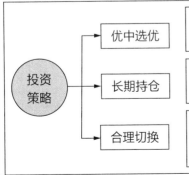

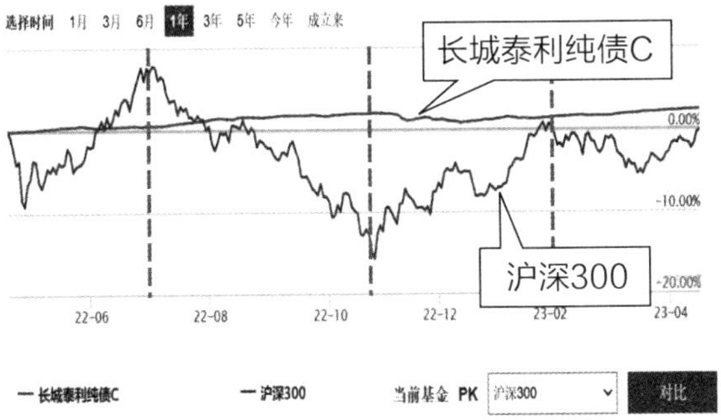

左图为长城泰利纯债C和沪深300指数对比关系图。在2022年到2023年的走势对比中可以发现，沪深300指数波动非常大，而债券型基金走势一直比较稳。特别是沪深300指数在2022年年中大幅下跌时，债券型基金表现得非常稳定。投资者若及时进行切换，无疑可以避免因股市下跌带来的损失。

投资策略

- 优中选优：对市场上债券型基金的收益率做个调查，选择最近几年里收益率较高的基金品种。
- 长期持仓：投资债券型基金必须放弃短线思维，从长线出发，坚定地长线持有一段时间，从而实现收益最大化。
- 合理切换：当经济下行时，股市走低，央行会采取降息的策略以刺激经济增长，而债券型基金受益于利率的下调会出现收益增加的情况；反之亦然。

工具示例

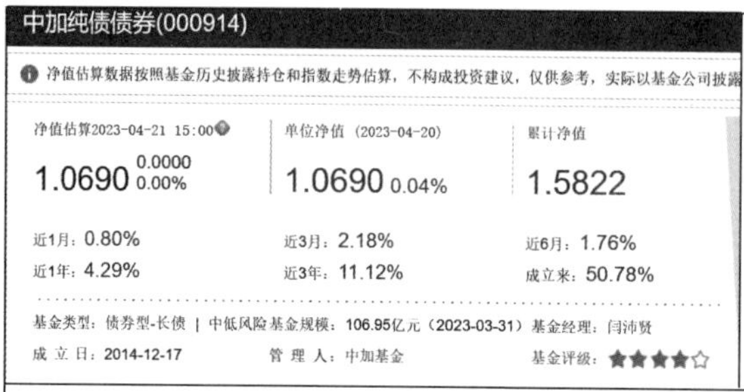

中加纯债债券(000914)

净值估算数据按照基金历史披露持仓和指数走势估算，不构成投资建议，仅供参考，实际以基金公司披露

净值估算2023-04-21 15:00	单位净值（2023-04-20）	累计净值
1.0690 0.0000 0.00%	1.0690 0.04%	1.5822
近1月：0.80%	近3月：2.18%	近6月：1.76%
近1年：4.29%	近3年：11.12%	成立来：50.78%

基金类型：债券型-长债 | 中低风险 基金规模：106.95亿元（2023-03-31） 基金经理：闫沛贤

成立日：2014-12-17 管理人：中加基金 基金评级：★★★★☆

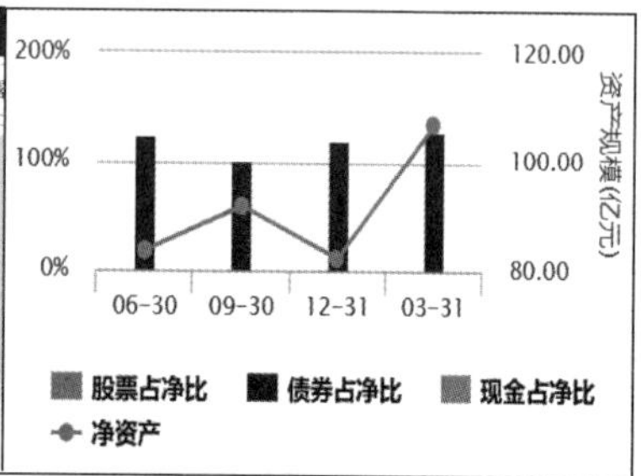

上图为中加纯债债券基金近期收益及其资产配置情况。

从图中的数据可以看出，最近一年的收益为4.29%，最近三年的收益达到了11.12%，相对于股票型基金这种收益并不算多，但也没有承受股票型基金所需应对的风险。

从其持仓情况可以看出，债券持仓近期达到了120%以上，现金持仓相对较低。这说明该基金为了追求收益最大化进行了加杠杆操作，即通过将债券质押融资后再买入债券的方式，持有了超过总仓位的债券。

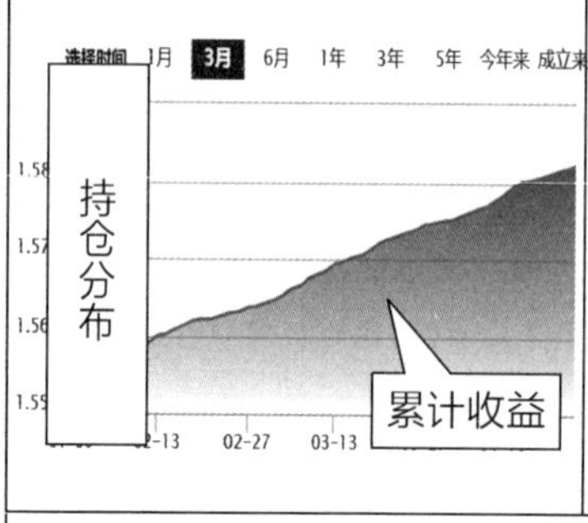

左图为中加纯债债券基金的累计收益，右图为该基金的债券持仓情况。从累计收益走势来看，其几乎没有经历过较大的回调。从右图的债券持仓可以看出，除了几乎没有风险的国开金融债外，其他债券的持仓占比都比较低，这也是风险防控的手段。

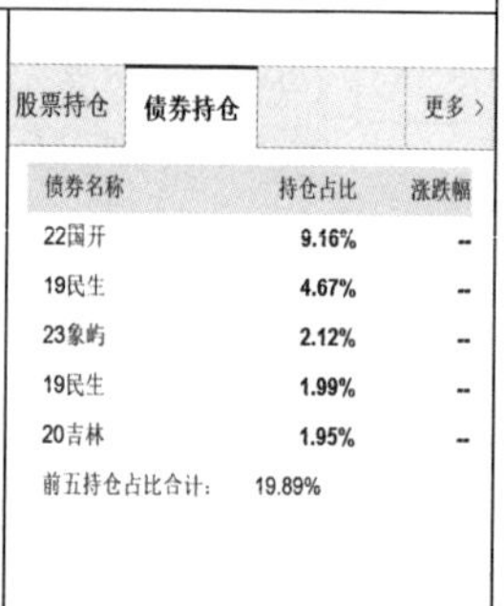

股票持仓 债券持仓 更多 >

债券名称	持仓占比	涨跌幅
22国开	9.16%	--
19民生	4.67%	--
23象屿	2.12%	--
19民生	1.99%	--
20吉林	1.95%	--
前五持仓占比合计：	19.89%	

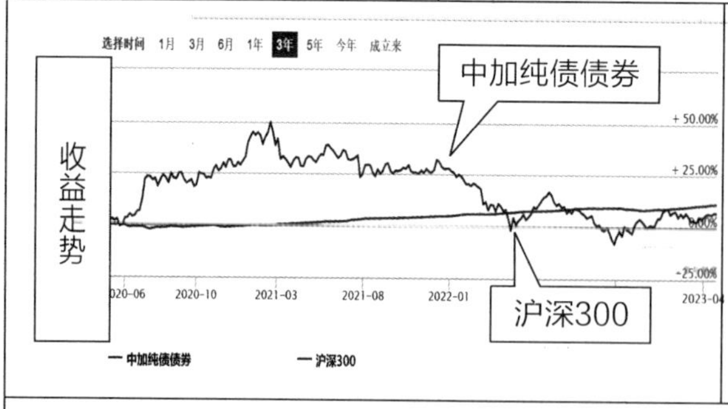

左图为中加纯债债券基金与沪深300指数走势的对比图。从对比图中可以看出，债券型基金尽管短期收益远远落后于沪深300指数，但因其几乎不会出现大幅回调，使得在3年时间里，获得了高于沪深300指数的收益。这就是债券型基金具有的相对优势。

综述

债券型基金一般比较适合喜欢长期持仓的投资者。同时，对于能够熟练分析股市的投资者来说，在股市进入熊市周期后，买入债券型基金也是不错的选择。当然，债券型基金的持仓也是需要关注的。若债券型基金持有的债券出现违约，则可能引发债券型基金净值的大幅下跌。

第二节　可转债投资工具

工具概述

可转债，即可转换债券，是债券持有人可按照发行时约定的价格将债券转换成公司普通股票的一种债券。这是一种既可以像债券一样领取利息，到期还本得息，还可以转换成股票的特殊债券。

工具解读

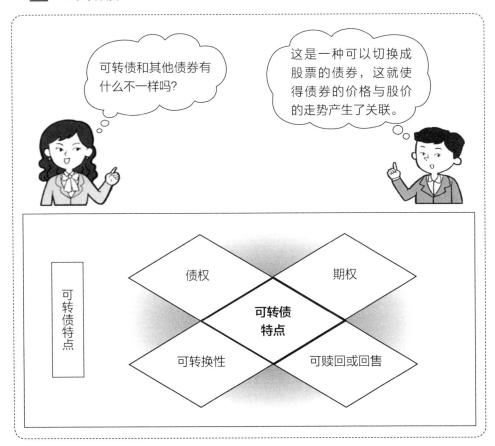

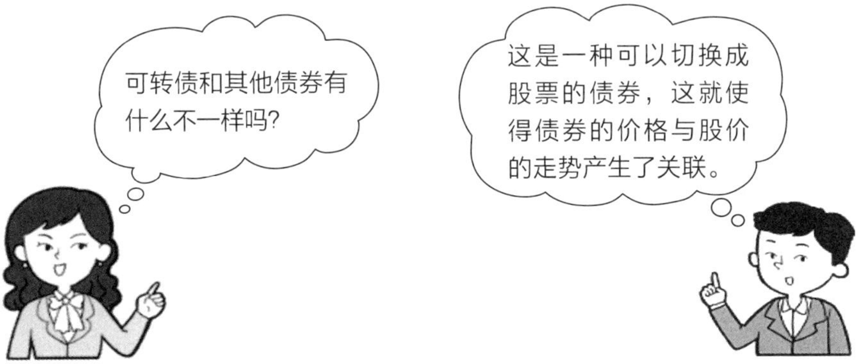

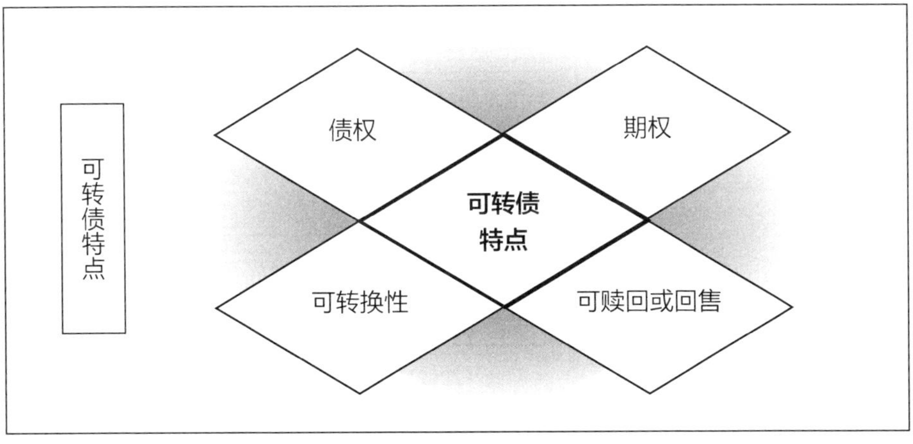

债权	与其他债券一样，有规定的利率和期限。投资者可以一直持有可转债，到期后可以收取本息。当然，可转债的票面利率水平相对比较低。
期权	可转债的持有者若将债券转换成股票，就变成了公司的股东，其所享受的权利与其他股东无异。因此，持有可转债就具有了这种未来转股的权利。只要在转股期内，投资者就自动拥有这种权力。同时，由于期权的性质，往往是距离存续期满的时间越久，期权的价值越大；反之，则价值较小。
可转换性	通常情况下，可转债发行6个月后，投资者就可以开始将债券转换成股票。转换比例为：可转债面值/转股价格。可转债的转股价格是在发行时确定的，若股价大幅低于或高于转股价格时，可能会修改可转债转股价格。
可赎回或回售	当股票价格连续多日高于转股价格一定幅度时，企业可按照事先约定的赎回价格赎回债券；当股票价格连续多日低于转股价格一定幅度时，债券持有者可按照事先约定的回售价格将债券回售给企业。

可转债收益影响因素

可转债收益影响因素		
	票面利率	票面利率对可转债价格体系具有重要的托底功能，可转债的票面利率越高，可转债的价值也就越高。
	转股价值	可转债的转股价值是其核心价值要素。转股价值越高，可转债就越有价值，价格也会越高。
	转股价格	可转债完成转股才会使其价值最大化。股票价格的走势往往直接决定了债券型基金的收益。因此，与其他债券不同，股票价格会成为影响可转债收益的首要因素。若整个股市进入牛市行情，股价自然会水涨船高；反之，股价则会走低。
	正股价格	正股价格是可转债转股时对应的股票价格。正股价格与转股价格的差决定投资者转股是否有利，当这一差为正时，转股可以获得收益，反之则无法获得收益。
	市场期望与预期	可转债的价值包含了一定的期权价格。即当市场预期股票价格上涨时，可转债的价格会高于转股之后的价值，其中就包含了一定的市场期望。
	回售与下修条款	回售条款和下修条款有利于可转债持有者，也将提升可转债的交易价值。

一、债券要素

工具概述

可转债是一种债券，因而，其必然也会具备债券所具有的一些要素，包括债券面值、债券期限、票面利率等。

工具解读

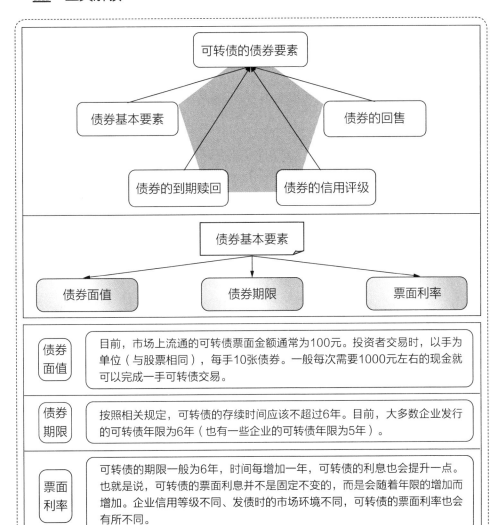

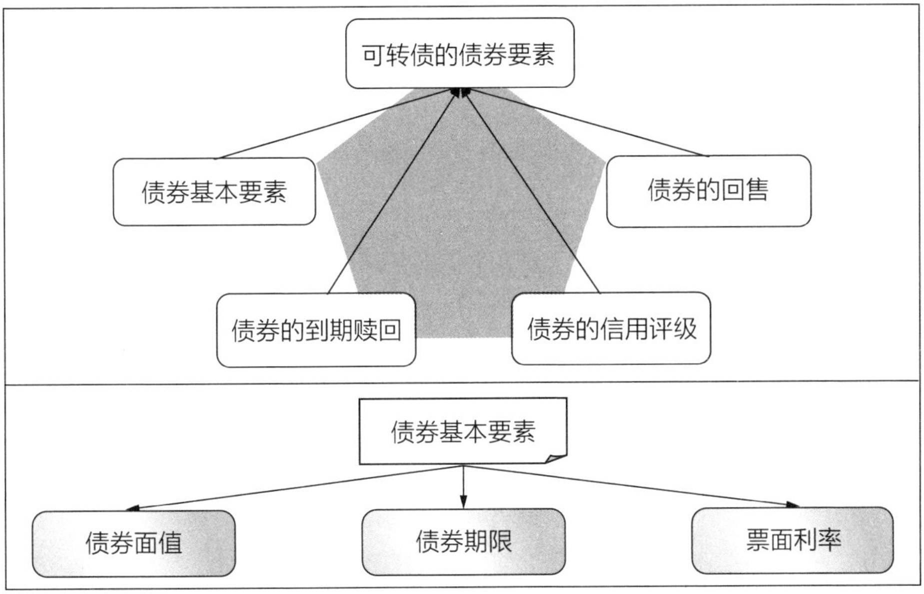

债券面值	目前，市场上流通的可转债票面金额通常为100元。投资者交易时，以手为单位（与股票相同），每手10张债券。一般每次需要1000元左右的现金就可以完成一手可转债交易。
债券期限	按照相关规定，可转债的存续时间应该不超过6年。目前，大多数企业发行的可转债年限为6年（也有一些企业的可转债年限为5年）。
票面利率	可转债的期限一般为6年，时间每增加一年，可转债的利息也会提升一点。也就是说，可转债的票面利息并不是固定不变的，而是会随着年限的增加而增加。企业信用等级不同、发债时的市场环境不同，可转债的票面利率也会有所不同。

可转债的到期赎回

可转债并非为了赎回

可转债发行企业的最终目的并非是为了到期赎回。也就是说，从可转债发行设计开始，就是为了让可转债持有人顺利实现转股操作，而不是持有到期再将债券拿回来。

可转债赎回价格

普通债券就是到期还本付息，而可转债持有到期，企业赎回债券时所支付的金额通常要高于本金。可转债发行企业可能会以债券面额的110%，甚至120%的价格赎回债券。

可转债到期赎回与普通债券赎回的区别

可转债的信用评级

- 偿债 ▶ 分析债券发行单位的偿债能力。
- 付息 ▶ 考察发行单位能否按时付息。
- 费用 ▶ 评价发行单位的费用。
- 风险 ▶ 考察发行单位的风险承受能力。

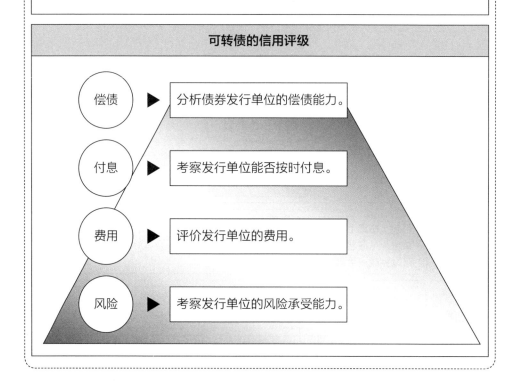

可转债的信用评级

评级	评级细分		典型特征	备注
A	AAA	信誉高、风险小	1.本金和收益安全性高 2.受经济形势影响较小 3.收益水平较低，筹资费用较低	又称“金边债券”
	AA			
	A			
B	BBB		1.债券的安全性、收益可能会受到经济形势的冲击 2.受经济形势影响较大 3.收益水平较高，筹资费用较高	比较有吸引力的债券
	BB	投机级债券		
	B			
C	CCC		1.收益较高，风险极大 2.仅具有一定的投机价值	投机性债券
	CC			
	C			
D	——		没有经济意义，但差价变化可能较大	赌博性债券

可转债的回售

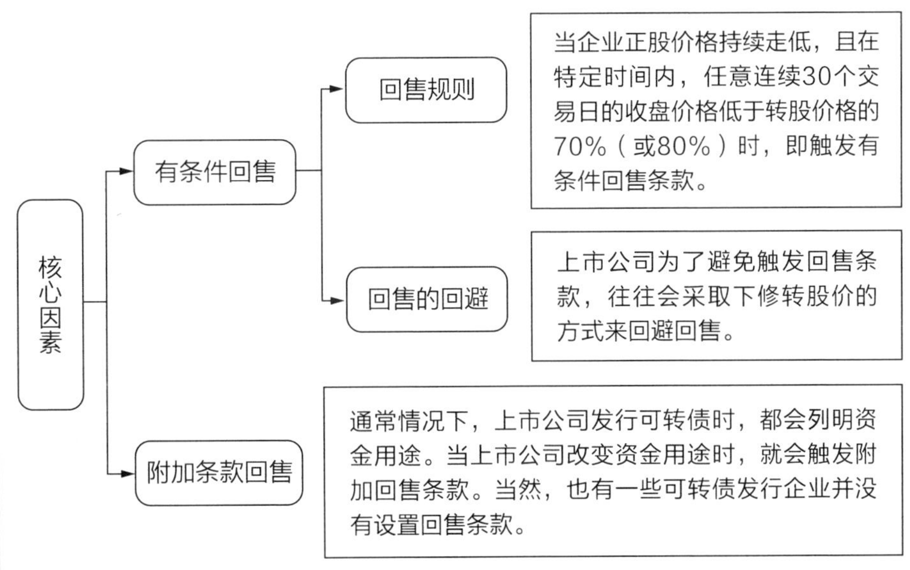

核心因素
有条件回售
回售规则
当企业正股价格持续走低，且在特定时间内，任意连续30个交易日的收盘价格低于转股价格的70%（或80%）时，即触发有条件回售条款。
回售的回避
上市公司为了避免触发回售条款，往往会采取下修转股价的方式来回避回售。
附加条款回售
通常情况下，上市公司发行可转债时，都会列明资金用途。当上市公司改变资金用途时，就会触发附加回售条款。当然，也有一些可转债发行企业并没有设置回售条款。

二、特有要素

工具概述

可转债除了具有债券特征外，还有一些自身所独有的特征。正是这些特征，使可转债与其他债券产生了区别。

工具解读

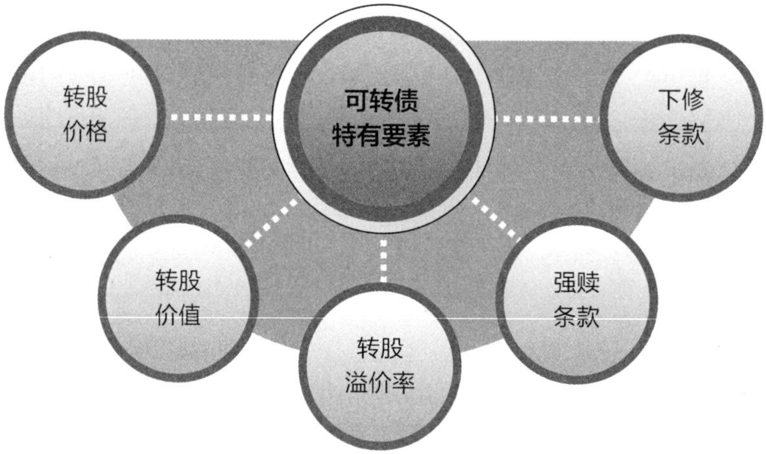

转股价格

转股价格是可转债区别于普通债券的一个显著特征。可转债在发行时，会事先约定一个转股价格。当可转债上市交易6个月后，投资者即可根据约定行使转股权。

转股价格作为可转债价值的中枢，对整个可转债价格波动与转股操作有着重要的意义。

第一，转股价格是每张可转债可以转换多少股票的依据。每张可转债可转换股票数量的计算方法如下：

可转股数量=可转债面值（100元）/转股价格

第二，转股价格与正股价格的价差过大，可能会触发可转债的强赎条款。

第三，若正股价格持续走低，也可能会触发转股价格下修条款或可转债回售条款。

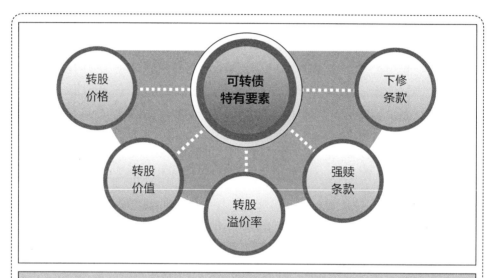

转股价值

转股价值是相对可转债市场价格而言的，也是可转债市价交易价格形成的重要参照标准。转股价值的计算如下：

转股价值=可转股数量×正股价格

其中，可转股数量=可转债面值（100元）/ 转股价格

如某只可转债的转股价格为10.93元，而该可转债的正股价格为9.04元，则：

可转股数量=100/10.93
=9.15股

转股价值=9.15×9.04
=82.72元

转股溢价率

可转债的市场价格相对其转股价值的溢价幅度，就是转股溢价率。转股溢价率的计算如下：

转股溢价率=（可转债市场价格-转股价值）/转股价值×100%

某只可转债的价格为107.32元，其转股价值为82.7元，则其转股溢价率为：

转股溢价率=（107.32-82.7）/82.7×100%
=29.77%

强赎条款

强赎是上市公司占据主导地位的赎回债券的一种方式。通常情况下，随着上市公司股价的持续上扬，并超过了转股价格一定比例时（即正股价格高于转股价格一定比例，如20%或30%等），上市公司有权强制赎回市场上的可转债。

除了正股价格可能触发上市公司的强赎条款外，当市面上流通的可转债数量过少时，上市公司也可能会启动强赎机制。每家上市公司在发行可转债时，通常会列明这类条款。

当然，上市公司本身是不愿意赎回可转债的。而强赎条款的设置，本质上是为了促使投资者尽快完成可转债的转股操作。

下修条款
下修条款是可转债特有的一种条款。当可转债的正股价格连续走低，并低于转股价格一定比例时（大多数企业为70%），就会触发回售条款。不过，上市公司为了防止回售条款的触发，往往会在股价出现下跌时，先行下修转股价，使得回售条款无法触发。 目前，大多数上市公司的可转债转股价格下修条件为，股价在30个交易日中有15个交易日低于转股价的一定比例（范围从70%到85%不等）。 转股价格下修的标准是不能低于修正会议召开前20个交易日股票交易均价和前一个交易日均价之间的较高者。

三、获利模式

工具概述

无论可转债具有何种属性，持有可转债的投资者需要解决的还是如何获利的问题。可转债的获利通常有四种模式。

工具解读

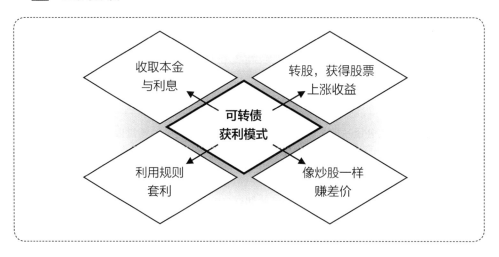

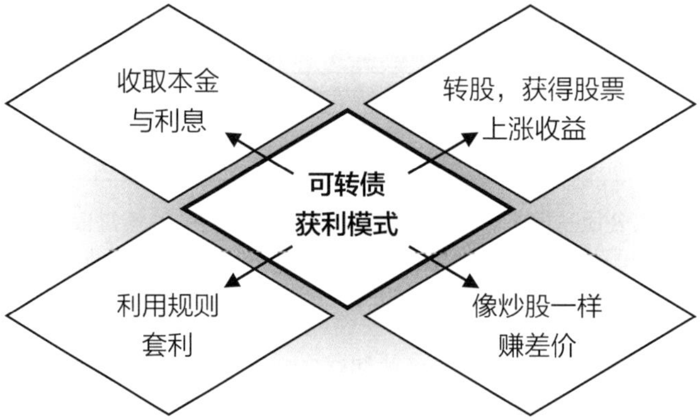

到期收取本金与利息	作为拥有债券属性的一种证券，按期收取本金和利息收入是其非常重要的获利模式。当然并没有多少投资者会坐等收取本金和利息。毕竟，利息收入过低，难以抵消资金的成本。
转股，获得股票上涨收益	持有可转债的投资者可在约定的转股期（通常为可转债上市发行6个月后）内，将手中的可转债转换为股票。当投资者将手中的可转债转换为股票后，那么，其获利方式将会像股票一样，从股价的上涨中获利。
套利	通常情况下，可转债发行方会设置若干回售或强赎、下修条款。某只股票的正股价格持续走低，那么，该股所对应的可转债价格也会随之走低。可是，当可转债的价格跌破100元的面值，特别是当可转债触发了回售或下修条款时，往往就会具有相当大的套利空间。
赚差价	由于可转债特殊的规则，使得可转债的价格波动比股票更为剧烈。有价格波动就有交易的机会，也就可能博取其中的利润。

第三节　指数型基金工具

工具概述

指数型基金是以某种市场指数为投资标的的基金品种。这些市场指数，要么能反映整个市场的运行态势，如沪深 300 指数；要么能反映某一板块的整体或行业的表现，如白酒指数、金融地产指数等。指数型基金是希望获得市场平均收益的一种被动型基金品种。

工具解读

巴菲特特别偏爱指数型基金，为此，还专门设置了一场赌局。2005年，巴菲特公开宣布：任何一名基金经理，可以随意挑选5只主动型基金，若能在10年后，其整体收益水平战胜标普500指数，则可赢得50万美元的奖金；若无法战胜，则要赔给他50万美元。一时间，尽管很多基金经理跃跃欲试，却无人真正迎战。

2008年，有一位名叫泰德·西德斯（Ted Seides）的基金经理出来迎战。他挑选了5只FOF基金。到了2017年，他的5只基金的上涨幅度分别为21.7%、42.3%、87.7%、2.8%和27%，平均年化回报率最高为6.5%。而标普500指数在十年的时间里上涨了125.8%，平均年化收益率为8.5%。

整个赌局以巴菲特完胜告终。

主动型基金无法战胜指数型基金的原因

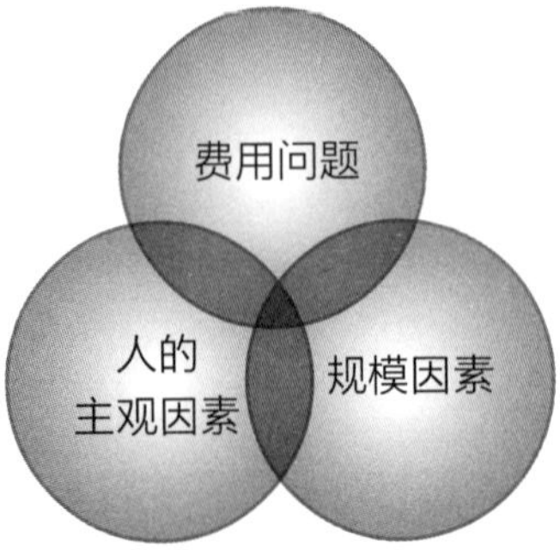

费用问题

指数型基金各项运行费用、管理费用等都要低于主动型基金。

主观因素

市场波动不受人的主观意愿影响，而基金经理很难捕捉市场的波动。

规模因素

主动型基金持仓股票相对较少，个股暴跌会拖累整个基金，指数型基金却不会。

一、指数及指数分类工具

工具概述

指数型基金实际上就是按照指数编制的比例相应地买入了某种指数所涵盖的全部股票。因此，指数型基金的收益与波动与所追踪的指数密切相关。

工具解读

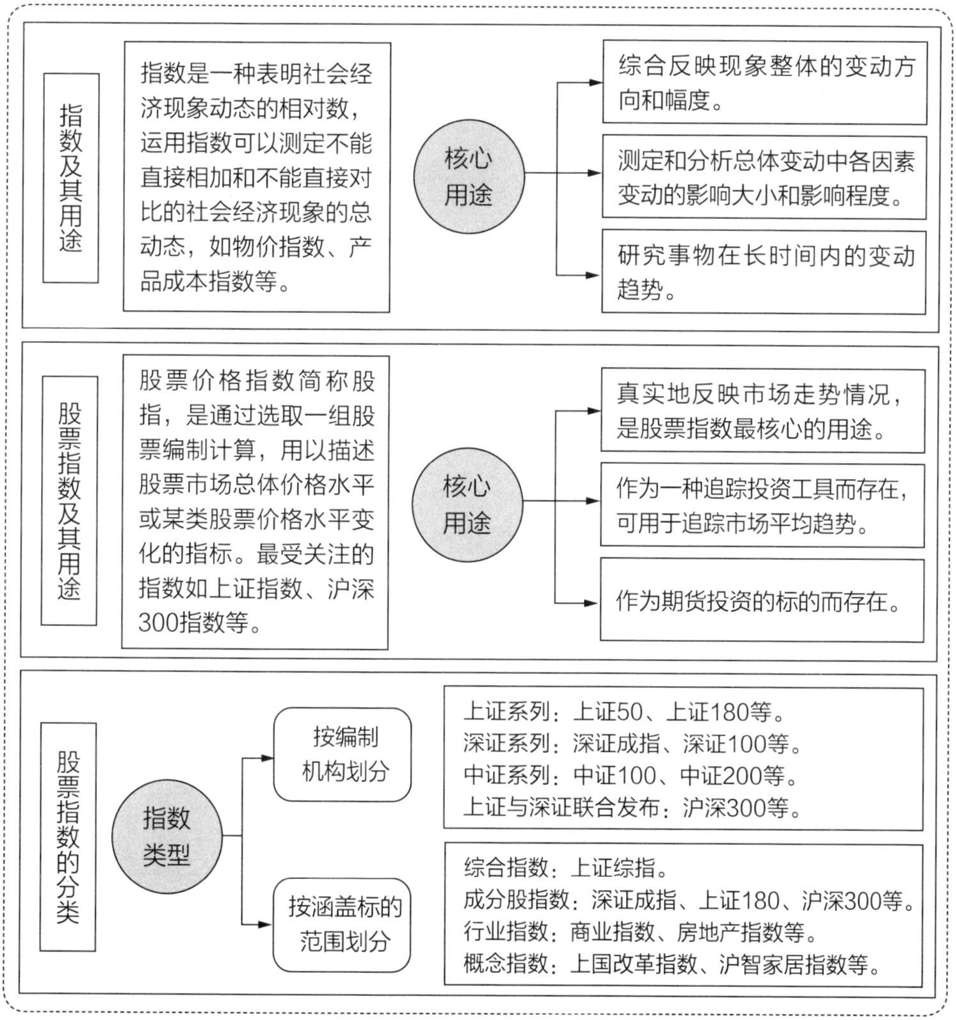

二、宽基与窄基

工具概述

宽基指数与窄基指数的核心区别不在于所含样本数的多少，而在于是否跨越了行业、概念等。沪深 300、上证 180、深证 100 等都属于宽基指数。

工具解读

宽基指数

- 指数所涵盖的股票数量较多，一般要多于10只股票。
- 指数中单只股票所占比重较小，不能超过30%。
- 权重最大的5只股票所占的比重不能超过60%。
- 权重股日交易额不低于10亿元人民币。
- 包含行业跨度较大，一般要超过5个行业。

特点：能够更好地反映市场的平均趋势，且当个别股票遭遇“黑天鹅”事件时，整个指数也不会受到太大的影响。

窄基指数

- 股票涵盖行业比较少，且多为单一行业或概念。
- 基金净值波动幅度相对较大，受权重股影响较大。
- 可能存在单只重仓股权重超过30%的情况。
- 有些指数的日交易额相对较低，交易清淡。
- 个别窄基指数基金所涵盖的权重股数量较少。

特点：能够准确反映市场板块轮动情况，帮助投资者抓住风口板块。但也存在受个别权重股影响，波动幅度过大的问题。

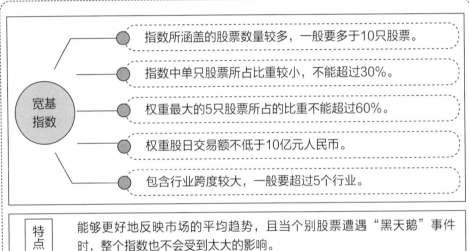

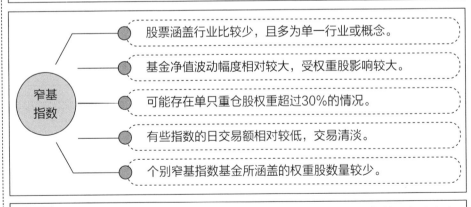

三、行业指数

工具概述

行业指数属于典型的窄基指数，是反映某一类行业内股票走势的指数，也是比较受市场投资者追捧的一类指数，如白酒指数、消费指数等。

工具解读

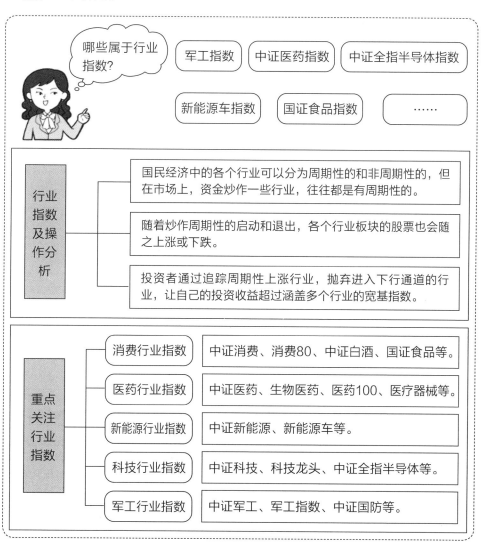

- 军工指数
- 中证医药指数
- 中证全指半导体指数
- 新能源车指数
- 国证食品指数
- ……

行业指数及操作分析

- 国民经济中的各个行业可以分为周期性的和非周期性的，但在市场上，资金炒作一些行业，往往都是有周期性的。
- 随着炒作周期性的启动和退出，各个行业板块的股票也会随之上涨或下跌。
- 投资者通过追踪周期性上涨行业，抛弃进入下行通道的行业，让自己的投资收益超过涵盖多个行业的宽基指数。

重点关注行业指数

消费行业指数	中证消费、消费80、中证白酒、国证食品等。
医药行业指数	中证医药、生物医药、医药100、医疗器械等。
新能源行业指数	中证新能源、新能源车等。
科技行业指数	中证科技、科技龙头、中证全指半导体等。
军工行业指数	中证军工、军工指数、中证国防等。

工具示例——中证消费50指数

消费行业是与人们生活密切相关的一个行业，也是一个永远不会衰退的行业。在消费行业中，涌现出了一大批白马股、超级绩优股，如贵州茅台、五粮液、美的集团、格力电器等。

中证消费50指数

中证消费50指数由沪深两市可选消费与主要消费（剔除汽车与汽车零部件、传媒等行业）中规模大、经营质量好的50只龙头公司股票组成，以反映沪深两市消费行业内50家龙头公司股票的整体表现，为指数化产品提供新的标的。以2004年12月31日为基点。

十大重仓股

股票名称	持仓占比	涨跌幅	相关资讯
五粮液	16.62%	-0.86%	股吧
贵州茅台	15.37%	-0.94%	股吧
泸州老窖	9.18%	-0.17%	股吧
伊利股份	9.17%	-0.28%	股吧
中国中免	8.77%	-2.24%	股吧
格力电器	8.14%	-1.89%	股吧
海天味业	5.25%	-1.18%	股吧
海尔智家	4.23%	-1.87%	股吧
双汇发展	1.32%	-0.87%	股吧
珀莱雅	1.29%	-1.29%	股吧

前十持仓占比合计： 79.34%

持仓截止日期: 2023-03-31 更多持仓信息>

指数特点

- 涵盖了沪深两市的可选消费与主要消费行业内的龙头企业，符合强者恒强的特点。
- 剔除了消费行业中汽车、零部件以及传媒等强周期行业，指数走势将会更加平稳。
- 权重股与大盘指数在一定程度上重合，受大盘影响较大。比如，贵州茅台、五粮液等也是大盘的权重股。

典型追踪指数基金

- 东兴中证消费50
- 易方达中证消费50ETF
- 富国中证消费50ETF

实操分析

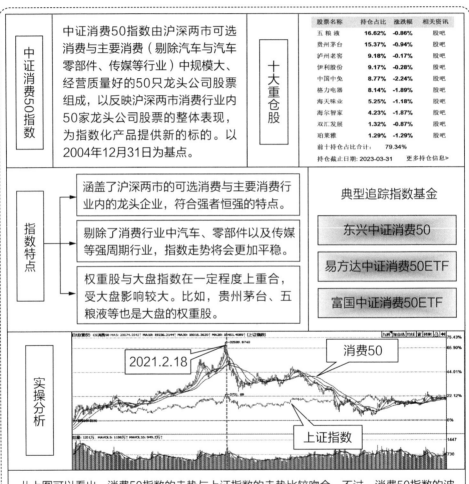

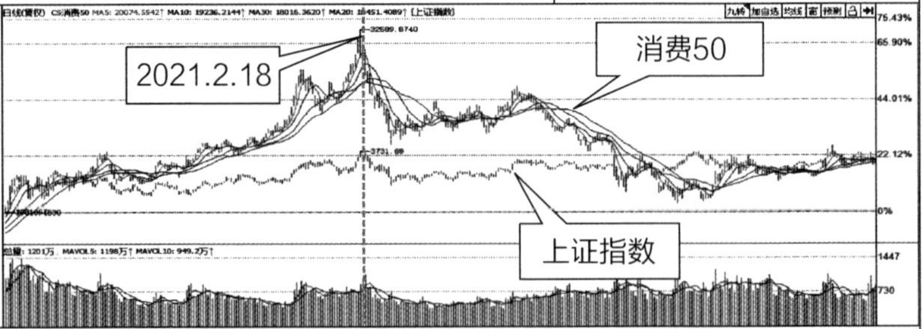

从上图可以看出，消费50指数的走势与上证指数的走势比较吻合，不过，消费50指数的波动幅度远远大于上证指数。在2021年2月18日之前，消费50指数发动了一波强势上升浪潮。此阶段的上涨也带动了上证指数的上攻，但涨幅更高。在此阶段往往是投资者投资该指数基金的好时机。2021年2月18日之后，消费50指数开始回调。其回调的力度也远远大于上证指数，比较符合窄基指数的特征。在此阶段，投资者可以切换到其他行业指数基金进行投资，放弃消费行业指数，毕竟先前该指数的涨幅过大。

四、策略指数

工具概述

策略指数属于一种相对特殊的指数，是通过对股票某方面的共同优势进行加权汇总，而获得的一种指数，如基本面策略、红利策略等。

工具解读

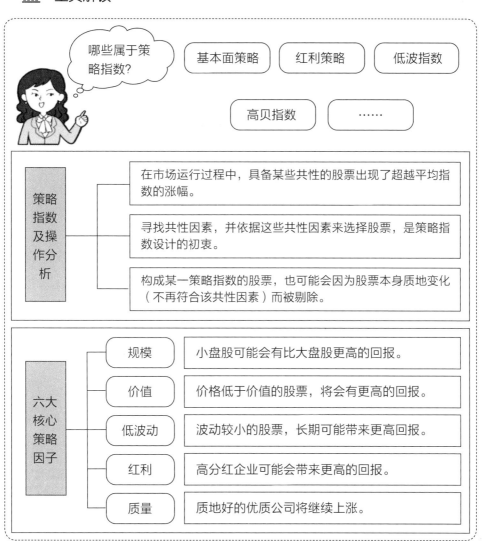

- 基本面策略
- 红利策略
- 低波指数
- 高贝指数
- ……

策略指数及操作分析

- 在市场运行过程中，具备某些共性的股票出现了超越平均指数的涨幅。
- 寻找共性因素，并依据这些共性因素来选择股票，是策略指数设计的初衷。
- 构成某一策略指数的股票，也可能会因为股票本身质地变化（不再符合该共性因素）而被剔除。

六大核心策略因子

规模	小盘股可能会有比大盘股更高的回报。
价值	价格低于价值的股票，将会有更高的回报。
低波动	波动较小的股票，长期可能带来更高回报。
红利	高分红企业可能会带来更高的回报。
质量	质地好的优质公司将继续上涨。

工具示例——中证红利指数

现金分红较多，一方面反映了上市公司自身现金流较为充沛；另一方面也反映了上市公司运营情况较佳。因此，将分红作为一种选股策略，通常很容易选到一些长线优质股票。

中证红利指数

中证红利指数由沪深两市中现金股息率最高、分红稳定、具有一定规模及流动性的100只股票组成。该指数以股息率高低作为指数权重分配的依据，反映了沪深两市中高红利股票的整体走势情况。中证红利指数创立于2008年5月26日，并以2004年12月31日为基日，基日点位为1000点。

十大重仓股

股票名称	持仓占比	涨跌幅	相关资讯
南钢股份	1.90%	-0.78%	股吧
中国石化	1.87%	-1.42%	股吧
兖矿能源	1.79%	-2.09%	股吧
唐山港	1.76%	-1.12%	股吧
中国神华	1.66%	-0.75%	股吧
华发股份	1.54%	-0.86%	股吧
森马服饰	1.54%	-1.85%	股吧
大秦铁路	1.52%	-0.66%	股吧
养元饮品	1.52%	0.71%	股吧
交通银行	1.49%	-0.54%	股吧

前十持仓占比合计： 16.59%

持仓截止日期: 2023-03-31　更多持仓信息>

指数特点

- 行业分布比较广泛。在分红最高的100家公司中，有消费品企业、房地产金融企业、工业领域企业。
- 从整体上来看，股价偏低，且分红较佳，具有一定的投资优势。
- 高分红的股票往往都会有相对更高的业绩作为支撑，因而，相对其他股票也更为抗跌。

典型追踪红利基金

- 招商中证红利ETF
- 博时中证红利ETF
- 易方达中证红利ETF
- 大成中证红利指数

实操分析

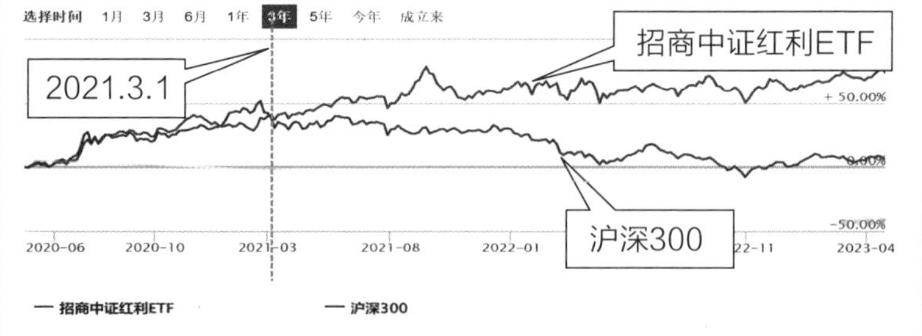

从上图可以看出，招商中证红利EFT指数的走势在2021年3月之前与沪深300指数的走势比较吻合。在2021年3月1日之后，沪深300指数开始振荡走低，而招商中证红利EFT指数体现了自身稳定、优质的特性，并没有随着沪深300指数走低，而是呈现了横向振荡上升态势。

到了2023年，招商中证红利EFT指数的收益已经超过沪深300指数很多倍了。

五、指数基金挑选

工具概述

并不是所有指数基金的收益都与指数走势完全吻合。在实际投资活动中，很多基金公司还会针对指数进行一些调整，以期实现超越指数的收益。

工具解读

指数基金类型

四大核心类型

指数基金
以相对应的指数为参照标的的基金品种，该基金走势与指数基本一致。

增强型指数基金
在一定幅度内，对构成指数的股票以及权重占比进行适度调整。指数走势有一定偏差。

ETF基金
即交易型开放式指数基金。投资者不仅可以正常申购该类基金，还可以像交易股票一样交易该基金。

ETF链接基金
专门投资ETF基金的基金。与ETF基金相比，有5%左右的现金储备，走势与ETF稍有不同。

宽基还是窄基

宽基指数
宽基指数涵盖样本较为广泛，整个指数受个别股票或个别行业股票大幅波动的影响较小。走势较为稳定。
从长远来看，随着经济发展，市场将会持续上行，宽基指数可以稳定收获这些红利。

窄基指数
窄基指数如同个股，可能会受到个别权重股或个别行业利好利空的影响，出现剧烈波动。
但若能把握好行业板块轮动，获利可能会更多，但同样也面临更大的风险。

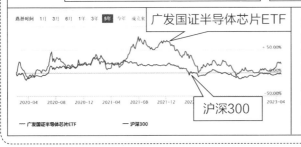

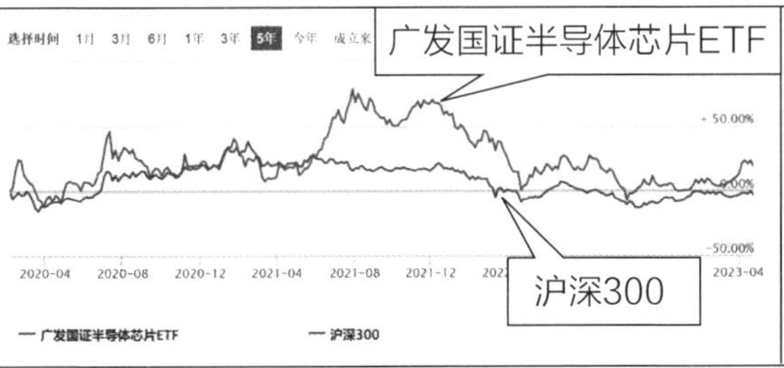

左图中，广发国证半导体芯片ETF就是典型的窄基指数基金，而沪深300指数又是典型的宽基指数。两者走势对比，就可以清晰地发现，尽管大的趋势相近，但窄基指数波动更为剧烈，沪深300指数走势更平稳。

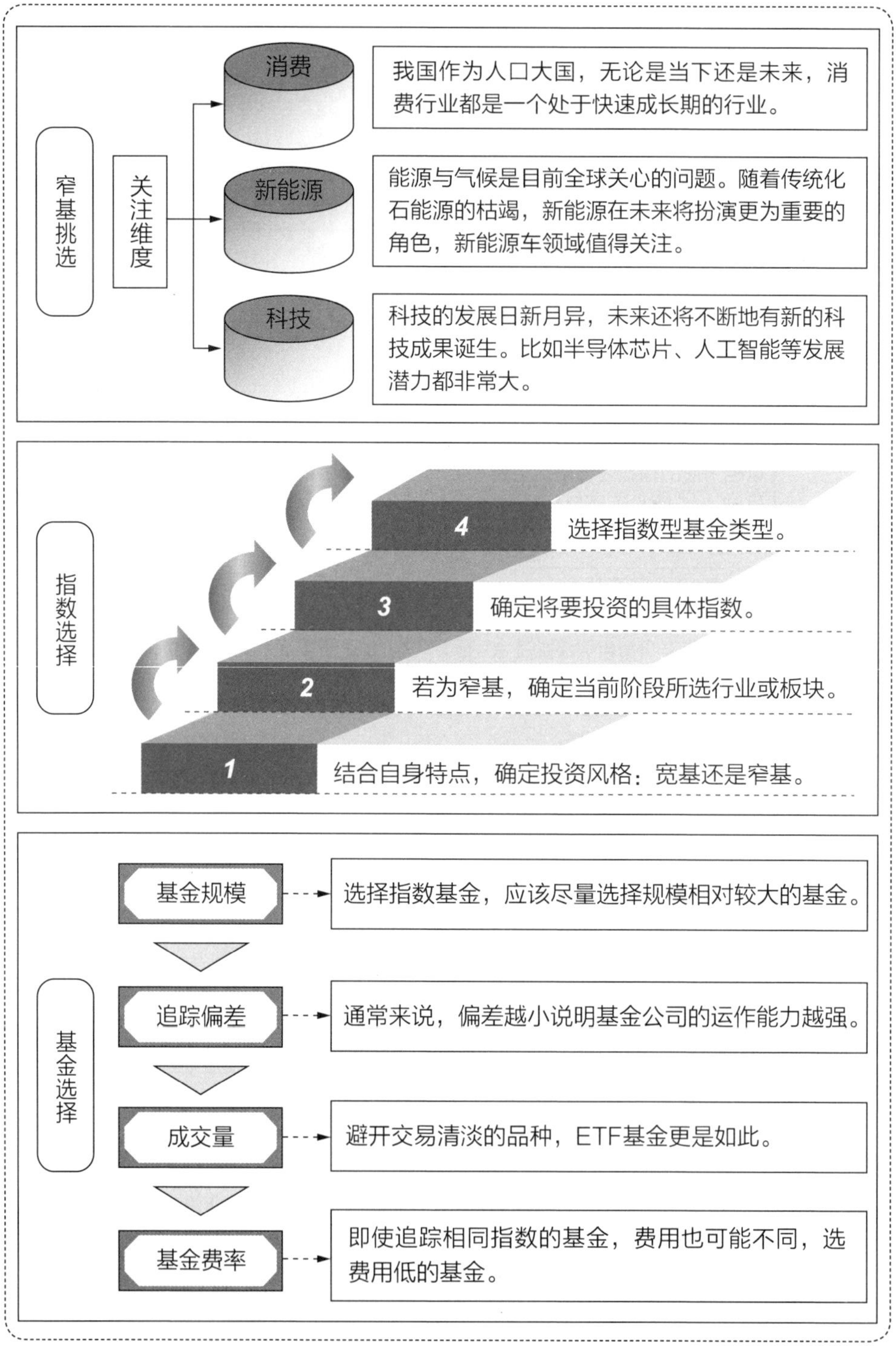
窄基挑选
关注维度
消费
我国作为人口大国，无论是当下还是未来，消费行业都是一个处于快速成长期的行业。
新能源
能源与气候是目前全球关心的问题。随着传统化石能源的枯竭，新能源在未来将扮演更为重要的角色，新能源车领域值得关注。
科技
科技的发展日新月异，未来还将不断地有新的科技成果诞生。比如半导体芯片、人工智能等发展潜力都非常大。
指数选择
4 选择指数型基金类型。
3 确定将要投资的具体指数。
2 若为窄基，确定当前阶段所选行业或板块。
1 结合自身特点，确定投资风格：宽基还是窄基。
基金选择
基金规模
选择指数基金，应该尽量选择规模相对较大的基金。
追踪偏差
通常来说，偏差越小说明基金公司的运作能力越强。
成交量
避开交易清淡的品种，ETF基金更是如此。
基金费率
即使追踪相同指数的基金，费用也可能不同，选费用低的基金。

第四节　基金定投工具

工具概述

基金定投是定期定额投资基金的简称，是指投资者在固定的日期（一般为投资者获得固定收入的日期）将固定金额的资金投入到某一开放式基金中的方式。

工具解读

基金定投

基金定投有一定的培养投资者投资理财习惯的作用。基金定投的投资者一般都是从每月工资中拿出一部分用于基金定投。这样就省去了很多研究和筛选基金的时间。投资者也可以不用担心投资市场的波动，毕竟从长远来看，经济与投资市场都会呈现振荡上行态势。

定投特点

定期投资，积少成多
基金定投在一定程度上可以起到替代零存整取的效果，帮助投资者养成理财习惯。

长期投资，摊低成本
基金定投，就是用时间的长度来抹平市场波动的投资策略。长期坚持下来，就会逐渐降低成本。

节约时间，方便理财
按时定投，就省去了很多筛选基金或其他理财产品的时间。

一、原则与时机

工具概述

长期投资、摊低成本是基金定投的核心优势。投资者通过不间断的定投可以有效地避免因判断失误而错过最佳的投资机会。

工具解读

基金定投要素

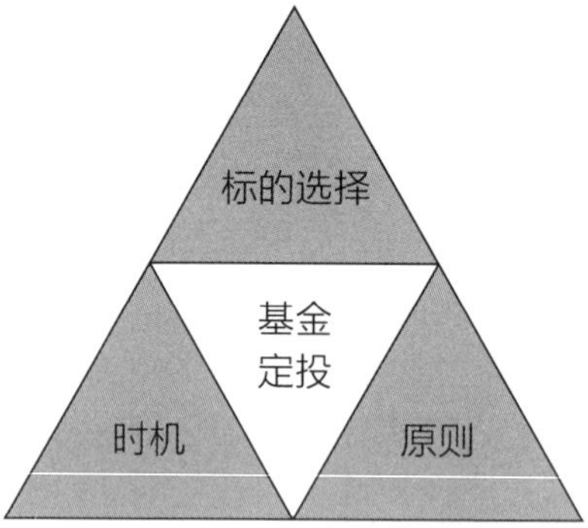

基金定投品种

不适合定投的基金

货币型基金和债券型基金的净值走势较为平稳，并不需要平摊成本，可以随时入场，也就没有了定投的必要。

适合定投的基金

股票型基金和指数型基金的净值波动较为剧烈，比较适合定投操作，特别是指数型基金，更是基金定投较为理想的标的。

基金定投时机

市场经过一波下跌后，进入底部区域时，就是开启定投的最佳时机。

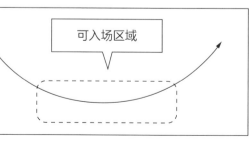

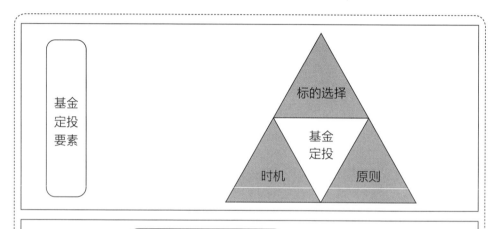

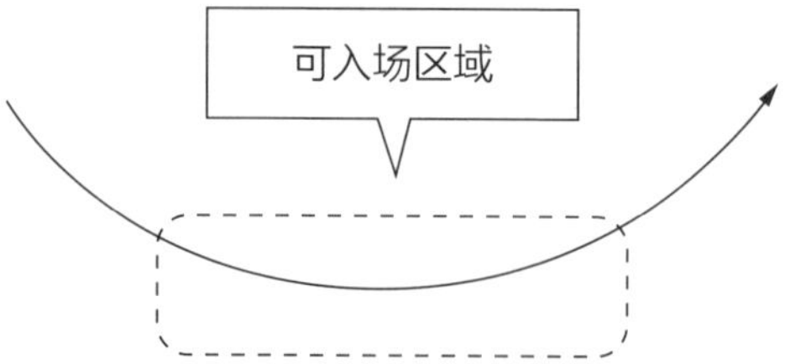

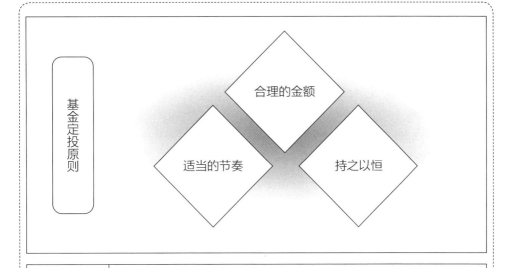

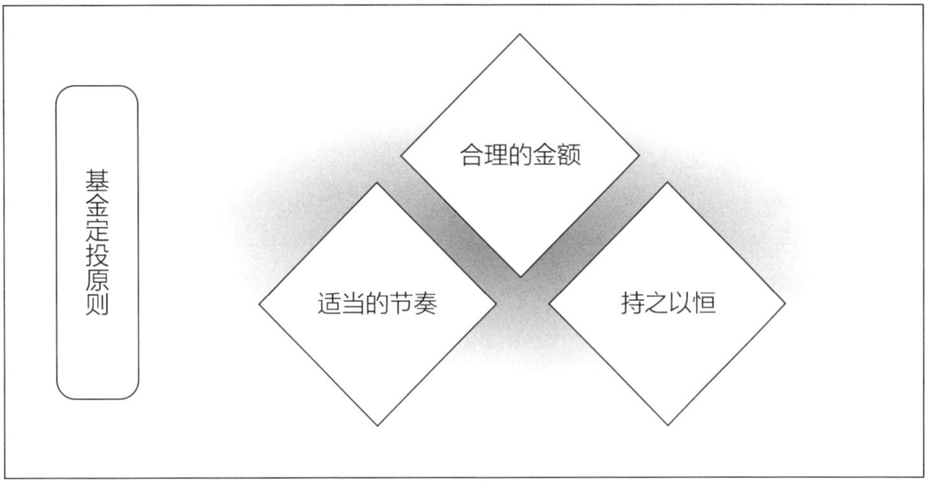

金额合理	基金定投需要投入固定金额的资金。这个资金额度应该是投资者经过合理计算获得的，且不能影响正常的生活。投资者不仅要从眼下空闲资金角度考虑，还要着眼于未来。毕竟定投要坚持的时间足够长才能看到效果，这就需要投资者拿出的定投金额在未来也不会影响家庭生活。
节奏适当	既要考虑定投的额度问题，也要考虑收入进账的节奏。对于以工资收入为主要经济来源的投资者，以月度为周期进行基金定投是一个不错的选择。当然，为了进一步平摊成本，将用于每月定投的金额分成四等分，并以周为周期进行定投，也是不错的选择。
持之以恒	基金定投需要很长时间才能看到效果。按照目前股市波动的情况，一般三到五年才会出现一次较大的行情，因而，投资者的定投必须持续三到五年才能收到预期的收益。 没有坚持五年以上的决心，最好不要进行基金定投。

二、定投模式

工具概述

基金定投的模式，即以何种方式进行定投。这里主要指的是定投的金额与时间的控制。通常来说，基金定投的模式包括匀速定投和变速定投两类。

工具解读

匀速定投	
匀速定投是指无论外围环境如何变化，投资者只坚持固定的投资额度与节奏不变。例如，投资者设定在上证指数3000点以下开始按照每周500元的速度匀速定投。此后，无论大盘指数上升或下跌，均保持每周500元的速度定投。也就是说，即使大盘指数下跌至2000点以下，投资者仍会坚持以每周500元的节奏进行定投。	案例 假如某投资者在3000点时按照净值为1元的价格申购了500份某基金（不考虑手续费等因素，下同）；基金净值下跌至0.9元，则其再度申购500元的基金就会得到555.56份；基金净值下跌至0.8元，则其再度申购500元的基金就会得到625份；基金净值下跌至0.7元，则其再度申购500元的基金就会得到714.29份；基金净值下跌至0.6元，则其再度申购500元的基金就会得到833.33份；基金净值下跌至0.5元，则其再度申购500元的基金就会得到1000份。至此，该投资者共投资了3000元，获得了4228.18份，基金持仓成本为0.7095元/份。

变速定投	
变速定投是指投资者根据外围环境的变化，适度调整定投的额度或节奏，以确保实现收益最大化。例如，投资者仍设定上证指数3000点为定投启动点。此后，若大盘指数在3000点下方每下行100点，则每周定投的额度增加50元；若大盘指数上升超过3000点，则每周定投额度减少50元，直至停止定投。也就是说，若上证指数下跌至2000点，则定投额度将会调整为每周1000元。	案例 假如某投资者在3000点时按照净值为1元的价格申购了500份某基金（不考虑手续费等因素，下同）；基金净值下跌至0.9元，则其再度申购550元的基金就会得到611.11份；基金净值下跌至0.8元，则其再度申购600元的基金就会得到750份；基金净值下跌至0.7元，则其再度申购650元的基金就会得到928.57份；基金净值下跌至0.6元，则其再度申购700元的基金就会得到1166.67份；基金净值下跌至0.5元，则其再度申购750元的基金就会得到1500份。至此，该投资者共投资了3750元，获得了5456.35份，基金持仓成本为0.6873元/份。

三、微笑曲线

工具概述

微笑曲线是基金定投领域非常有名的一个概念，即在市场下行过程中逐级进行定投，此后若市场出现反弹，无须反弹至下跌起始位，就可以实现盈利。市场运行的路线呈现两边高、中间低的态势，宛若一张笑脸。

工具解读

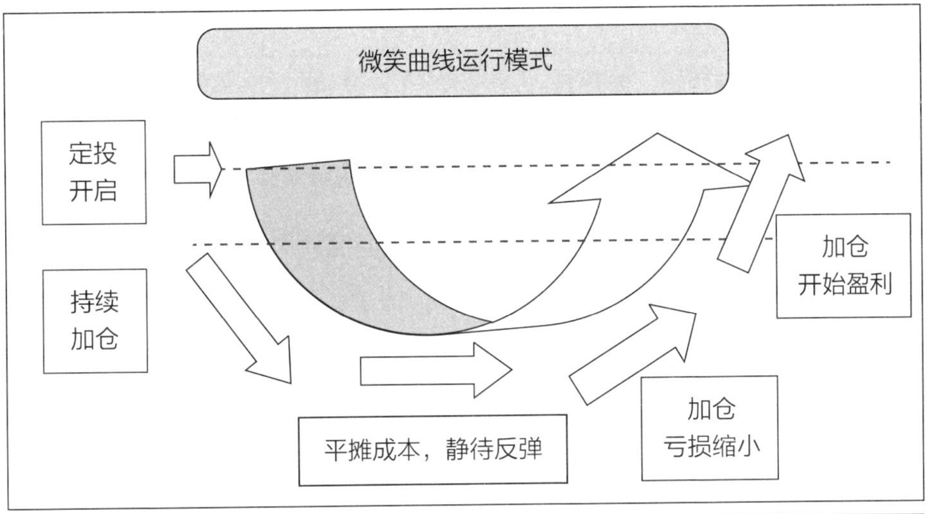

模式解读

投资者若按照相同的金额进行投资。那么，随着指数不断下跌，买入的基金份额会越来越多，成本会越来越低。所以不用等指数回到初始位置就可以获得正收益。

同时，从理论上来说，投资者无法准确预测市场的底部。因而，在投资过程中也没有办法准确找到市场最低点进行投资，而依靠微笑曲线可以在市场下行和底部振荡区间连续买入筹码，摊低成本。这样，当市场出现反弹，则无须等到指数回到下跌初始点位，定投参与者就可以实现盈亏平衡，甚至盈利。

关键要素

坚持定投！坚持定投！坚持定投！

工具示例

假定一个投资者在大盘指数为3000点时，开启基金定投。其投资的标的就是大盘指数。每期定投1000元。
该投资者进行定投后，指数先是出现了一波下跌行情，此后才逐渐走出低谷。那么，其投资过程可以用下表来描述。

次数	指数点位	定投额	累积投资额	市值	盈亏额	盈亏比例
1	3000	1000	1000	1000	—	—
2	2900	1000	2000	1966.7	−33.3	−1.67%
3	2800	1000	3000	2898.88	−101.12	−3.37%
4	2700	1000	4000	3795.35	−204.65	−5.12%
5	2600	1000	5000	4654.78	−345.22	−6.9%
6	2700	1000	6000	5833.81	−166.19	−2.77%
7	2600	1000	7000	6617.74	−382.26	−5.46%
8	2700	1000	8000	7872.27	−127.73	−1.6%
9	2800	1000	9000	9163.84	163.84	+1.82%
10	2900	1000	10000	10491.12	491.12	+4.91%
11	3000	1000	11000	11852.88	852.88	+7.75%
12	3100	1000	12000	13247.98	1247.98	+10.4%

案例解读

尽管定投开始点位为3000点，但当指数回升至2800点时，投资者就可能实现盈利，其中包含了指数在底部区域的小幅振荡、反复。事实上，若指数在底部振荡时间更长，则可能指数没到2800点时，投资者就可能实现定投获利。

四、网格交易法

工具概述

网格交易法，本质上是一种针对市场大部分处于振荡状态而设计的动态投资系统。投资者在建立初始仓位后，还需对市场运行的区间进行大致分区，并划分网格，市场每下行一格，则加仓一份；市场每上行一格，则减仓一份。

该策略的核心目的在于动态调整仓位，降低持仓成本，提升收益率。

工具解读

由于A股单边牛市或单边熊市的时间较短，更多的时间处于振荡格局。因而，通过设置各个网格，动态调整仓位，无疑可以增加获利概率。

工具示例

为了让投资者了解网格交易法，下面列举了一个简化版的基金净值波动与投资路线图。当然，在实际投资过程中，基金波动可能更为复杂。

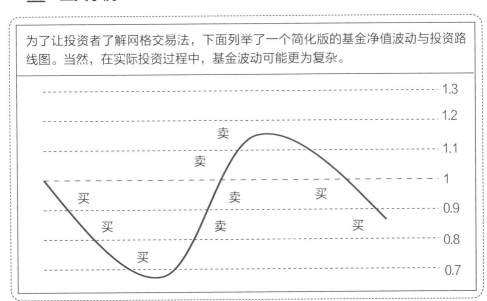

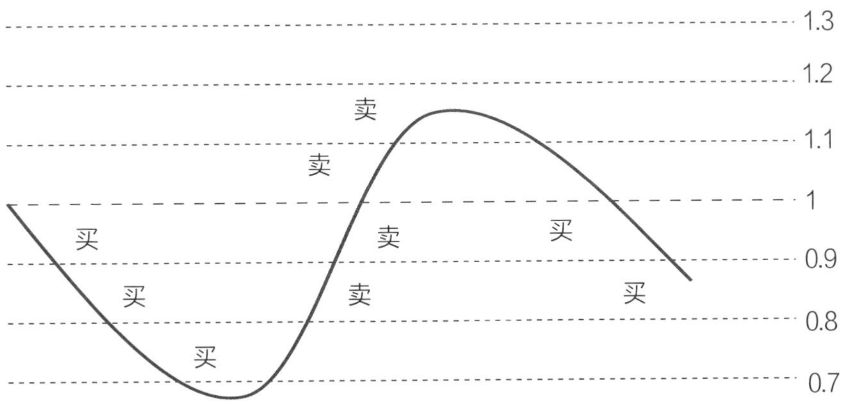

操作示例

该策略基于投资者对未来市场方向无法判断的基础之上。也就是说，市场存在持续上行的可能，因此，初始入场时，至少要准备5倍网格交易的额度，即若基金净值每上升或下跌一格赎回或加仓1000元的话，那么，初始投资金额至少应该为5000元。

次数	基金净值	交易份额	交易金额	累计份额	累计市值	盈亏
1	1	+5000	+5000	5000	5000	—
2	0.9	+1000	+900	6000	5400	-500
3	0.8	+1000	+800	7000	5600	-1100
4	0.7	+1000	+700	8000	5600	-1800
5	0.8	-1000	-800	7000	5600	-1000
6	0.9	-1000	-900	6000	5400	-300
7	1	-1000	-1000	5000	5000	+300
8	1.1	-1000	-1100	4000	4400	+800
9	1	+1000	+1000	5000	5000	+400
10	0.9	+1000	+900	6000	5400	-100

案例解读

从上表数据可以看出以下几点：

第一，随着市场的波动，网格交易的推进，即使市场点位最终仍只是在原点附近波动，投资者仍可能获得一定的收益。

第二，在实战中，单个网格的设置以及每个网格加减仓位的数量需因人、因投资品种而有所不同。

第三，本案例所使用的网格交易以基金份额为依据，投资者也可以投入的金额作基准。

第四，第7笔交易和第9笔交易，市场点位和持仓数量均为初始值，但额外产生了一定的利润。这就是网格交易的利润。

操作建议

- 投资者所选的投资标的以宽基指数基金为宜，且需要根据个人需求确定网格大小。有的投资者想要高频交易，可将网格间距设置得小一些，如2%或5%等。
- 网格交易的频次肯定要多于其他交易策略，因而，尽量选择交易费用较低的平台，且能够在二级市场交易的基金为宜，这样便于捕捉基金波动的高点与低点。
- 基于网格交易法不一定需要投资者持续投入资金，有时还可能需要赎回基金，因此，从资金利用角度考虑，可以同时操作两只以上的基金。而且这两只基金走势最好不同步，这样可以提升资金的利用效率。

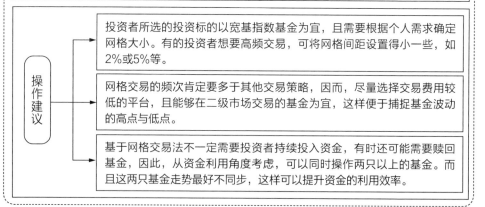

五、博格公式

工具概述

博格公式是由指数基金的发明者约翰·博格（John Bogle）创立的。博格公式重点分析了影响指数基金收益的三大因素，因此，常常作为筛选指数基金的一种工具。

工具解读

约翰·博格在长期的投资过程中，对决定股市长期收益的因素，进行了分析，发现决定股市长期回报的三大因素：

1.初始投资时刻的股息率。

2.投资期内的市盈率变化。

3.投资期内的盈利增长率。

未来年复合收益率=初期股息率+（平均）每年的市盈率变化率+（平均）每年的盈利变化率

工具分析	博格公式的用法及假设如下： 第一，市盈率呈周期性波动，因此如果当前市盈率处于历史较低位置，那么未来市盈率大概率是会上涨的。 第二，对指数基金来说，只要国家经济长期发展，盈利就会长期上涨。当经济景气时，盈利增速比较快；当经济不景气时，盈利增速则会放缓，但是我们无法预测未来盈利的上涨速度。

操作思路	博格公式的具体操作思路如下： 第一，未来市盈率的变化是很难确定的，但当前的市盈率数据可以获得。那么，可以通过当前市盈率与历史市盈率情况来评估当前市盈率所处的位置。 第二，股息率高的股票，往往意味着企业经营情况较佳。因此，需要尽量选择股息率高的股票。 第三，在市盈率走高时，需要考虑减仓或清仓操作。

工具示例

以上证50指数为例

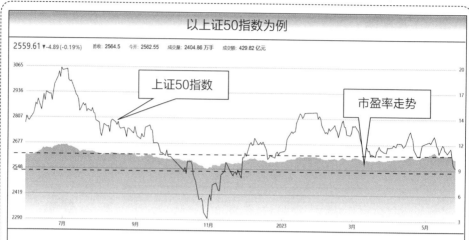

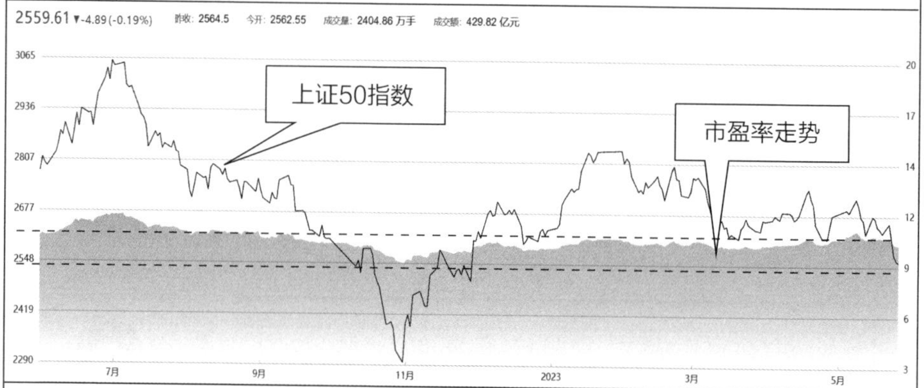

上图为上证50指数以及上证50指数平均市盈率近一年来的走势。从上证50指数的走势可以发现，上证50指数一直在2300点到3050点之间波动，而上证50指数的市盈率大部分时间也是运行在9倍到11倍之间。也就是说，上证50指数的平均市盈率低于9倍的时间或高于11倍的时间都不长，这将为后面制订定投策略提供支持。

以上证50指数为例（2023.5.5—5.26）

日期 Date	指数代码Index Code	指数中文全称 Chinese Name(Full)	指数中文简称 Index Chinese Name	指数英文全称 English Name(Full)	指数英文简称 Index English Name	市盈率1（总股本）P/E1	市盈率2（计算用股本）P/E2	股息率1（总股本）D/P1	股息率2（计算用股本）D/P2
20230526	000016	上证50指数	上证50	SSE 50 Index	SSE 50	10	11.46	3.79	3.31
20230525	000016	上证50指数	上证50	SSE 50 Index	SSE 50	10.01	11.48	3.79	3.3
20230524	000016	上证50指数	上证50	SSE 50 Index	SSE 50	10.05	11.54	3.77	3.29
20230523	000016	上证50指数	上证50	SSE 50 Index	SSE 50	10.24	11.72	3.7	3.24
20230522	000016	上证50指数	上证50	SSE 50 Index	SSE 50	10.43	11.9	3.63	3.19
20230519	000016	上证50指数	上证50	SSE 50 Index	SSE 50	10.37	11.79	3.66	3.22
20230518	000016	上证50指数	上证50	SSE 50 Index	SSE 50	10.44	11.84	3.63	3.2
20230517	000016	上证50指数	上证50	SSE 50 Index	SSE 50	10.38	11.86	3.65	3.2
20230516	000016	上证50指数	上证50	SSE 50 Index	SSE 50	10.45	11.95	3.63	3.17
20230515	000016	上证50指数	上证50	SSE 50 Index	SSE 50	10.49	11.98	3.61	3.17
20230512	000016	上证50指数	上证50	SSE 50 Index	SSE 50	10.32	11.78	3.67	3.22
20230511	000016	上证50指数	上证50	SSE 50 Index	SSE 50	10.44	11.93	3.63	3.18
20230510	000016	上证50指数	上证50	SSE 50 Index	SSE 50	10.48	11.97	3.62	3.17
20230509	000016	上证50指数	上证50	SSE 50 Index	SSE 50	10.67	12.1	3.55	3.13
20230508	000016	上证50指数	上证50	SSE 50 Index	SSE 50	10.78	12.18	3.52	3.12
20230505	000016	上证50指数	上证50	SSE 50 Index	SSE 50	10.51	12.02	3.61	3.16

上图为上证50指数的市盈率与股息率数值。从数据走势来看，市盈率1在10倍左右，属于较低的水平，而股息率1为3.7左右，又在相对高位。（资料来源：中证指数公司）

操作思路

基于上证50指数当前的数值，可以制订以下操作策略：

第一，当前上证50指数的市盈率处于较低位置，而股息率相对较高，属于较为理想的入场时段。因此，投资者可考虑选择上证50指数进行定投。

第二，未来若上证50指数的市盈率走高，超过11倍，则需要减少定投额度，若其超过15倍，则可考虑止盈撤出。

第五节　“固收+”产品投资工具

工具概述

“固收+”产品，就是将占投资主体多数的资产投放到固定资产方面，再拿出少部分资产投放到中高风险领域，以求获得较高收益的一种投资策略。

工具解读

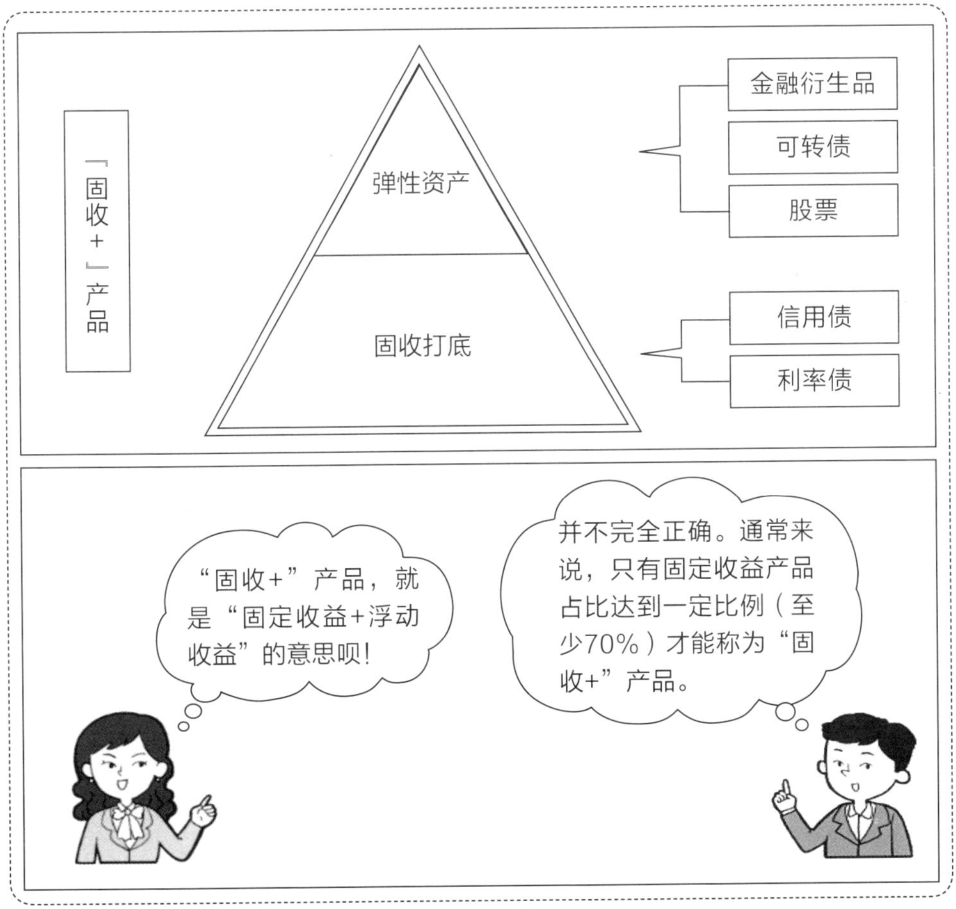

一、产品规划策略

工具概述

“固收 +”产品，从投资布局上来看，就是通过固收资产与弹性高风险产品的合理搭配，在获得一定固定收益的基础上，追求更高的收益。同时，因投资者能够接受风险的不同，“固收 +”产品的投资策略也有所不同。

工具解读

「固收+」资产策略

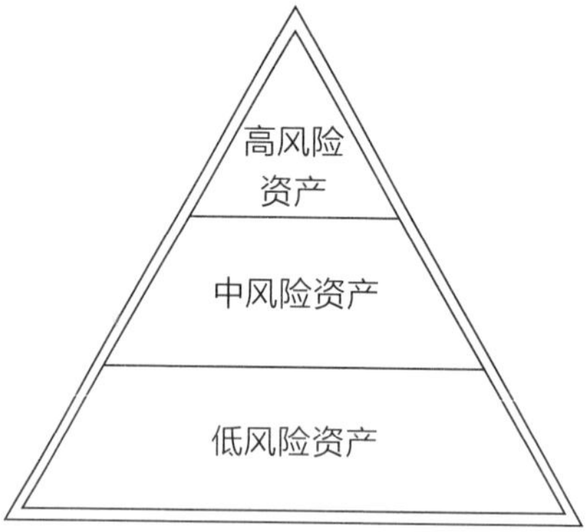

以股票、金融衍生品为投资标的，目标是挑战更高的收益，当然，也要接受高风险。

以打新、可转债等为投资标的，目标是获得5%以上的收益，接受一定的风险。

以各类债券为投资核心，目标是获得3%以上的收益，且基本无风险。

“固收+”产品并非简单的固定收益产品与高收益高风险产品的组合，而是从整体上布局的一种多资产投资组合。固定收益产品与高收益产品之间并非割裂的，而是一个整体。也就是说，投资者在布局时，需要从整体上进行规划设计。

收益影响因素

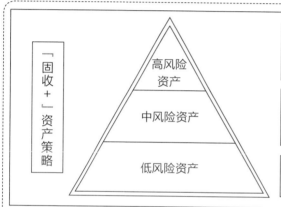

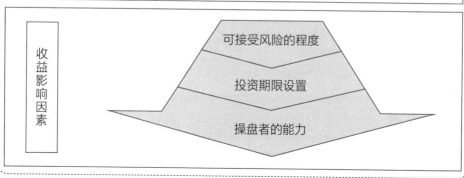

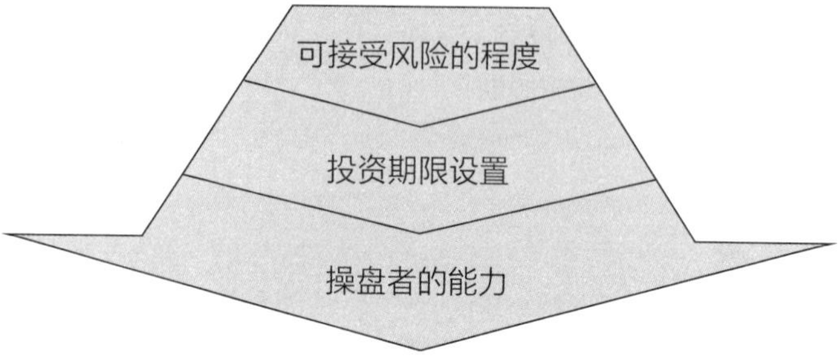

可接受风险程度	投资者能够接受的风险程度是影响整个投资组合收益的关键因素。基于"固收+"产品设计原理，资产的大部分被投放在固定收益产品方面，而这个比例与投资者所能承受的风险相关。投资者能够承受的风险越高，投放在固定收益产品方面的资产比例就会越低，投资者就越能够拿出更多的资产挑战高收益。
投资期限设置	投资的期限安排也是影响投资组合收益的重要因素。投资者设置的投资期限越长，固定收益能够获得的收益也就越高，也就意味着能够拿出来挑战高收益高风险产品的资产比例越大，这也是整个投资组合能够获得高收益的关键。
操盘者的能力	这是影响整个投资组合收益的另一个重要因素。在固收部分，操盘者发挥能力的空间十分有限，平衡债券的信用等级与债券票面利率方面需要重点考虑外，其收益的区分度并不明显。但在高风险高收益资产方面，操盘者的能力会发挥不同的效果。有的投资组合的收益会非常好，有的可能就不甚理想。

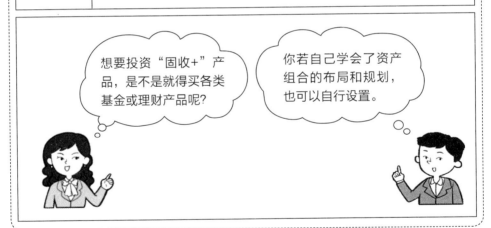

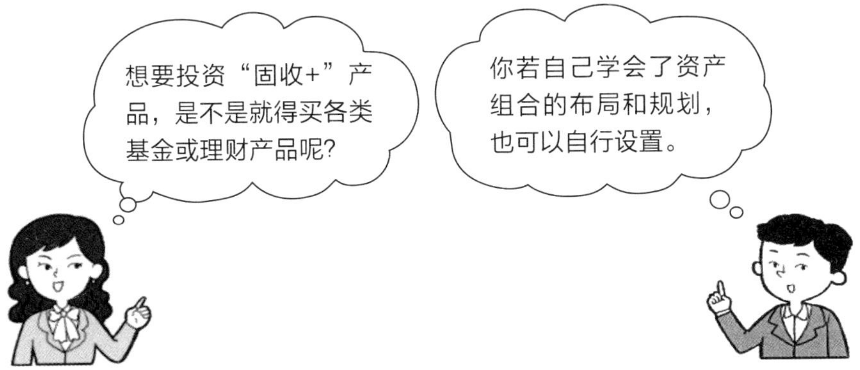

想要投资"固收+"产品，是不是就得买各类基金或理财产品呢?
你若自己学会了资产组合的布局和规划，也可以自行设置。

二、资产配置比例策略

工具概述

"固收+"产品中固收资产所占的比例，是投资者挑选该类产品时，应该首先考虑的因素。固收资产所占比例越高，说明该产品收益稳定性越高，风险越小；反之，则说明风险较大，收益波动较大。

工具解读

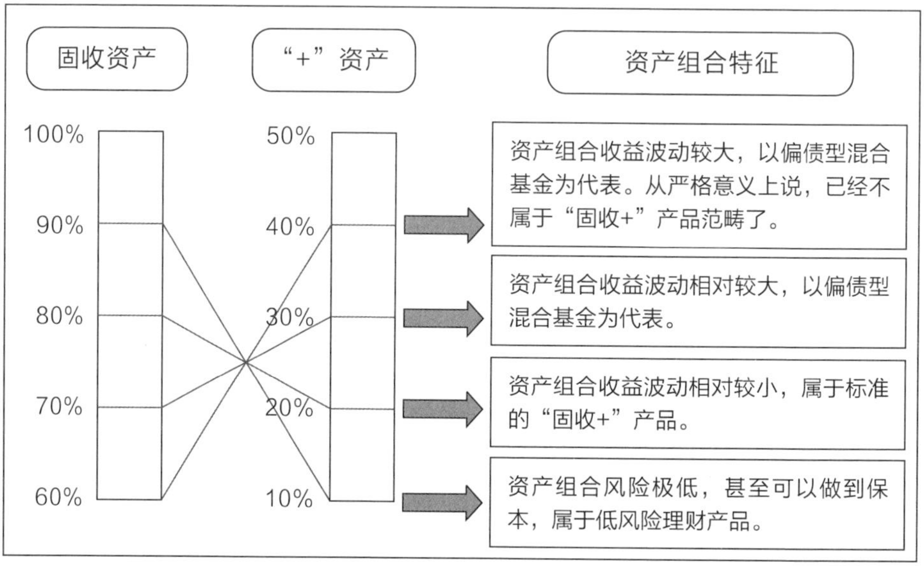

固收资产
“+”资产
资产组合特征
100%
90%
80%
70%
60%
50%
40%
30%
20%
10%
资产组合收益波动较大，以偏债型混合基金为代表。从严格意义上说，已经不属于“固收+”产品范畴了。
资产组合收益波动相对较大，以偏债型混合基金为代表。
资产组合收益波动相对较小，属于标准的“固收+”产品。
资产组合风险极低，甚至可以做到保本，属于低风险理财产品。

按照最新的“固收+”产品规范的要求，权益类资产（含股票、权证、转债产品）占比超过30%的，就不再属于“固收+”产品的范畴了。因此，投资者在选择“固收+”产品时，需要先了解其权益类资产的投资占比。

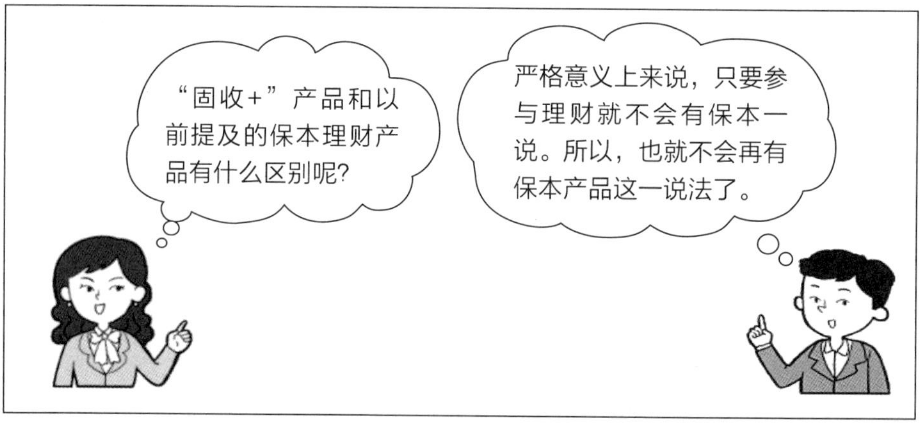

“固收+”产品和以前提及的保本理财产品有什么区别呢?
严格意义上来说，只要参与理财就不会有保本一说。所以，也就不会再有保本产品这一说法了。

三、低风险配置方案

工具概述

低风险配置方案是指“固收 +”产品在设计规划时，通过加大配置固定收益资产，只拿出很少一部分来投资高风险资产，使得固定收益部分产生的盈利可以尽量弥补高风险资产可能产生的亏损。

工具解读

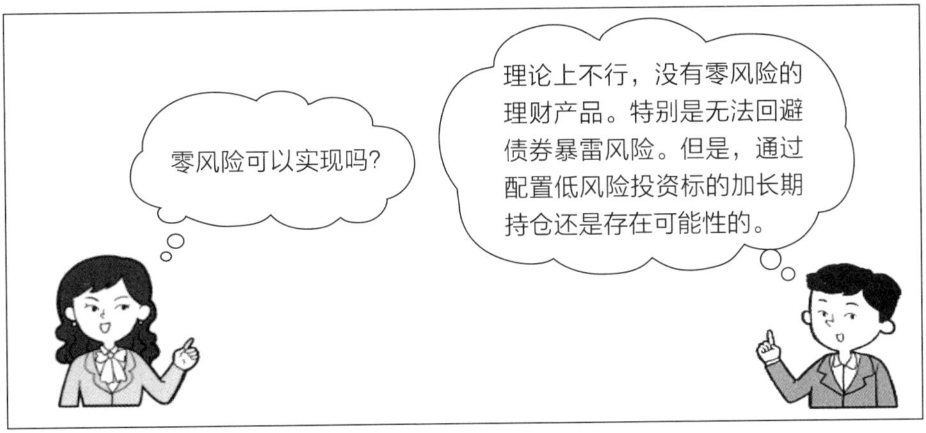

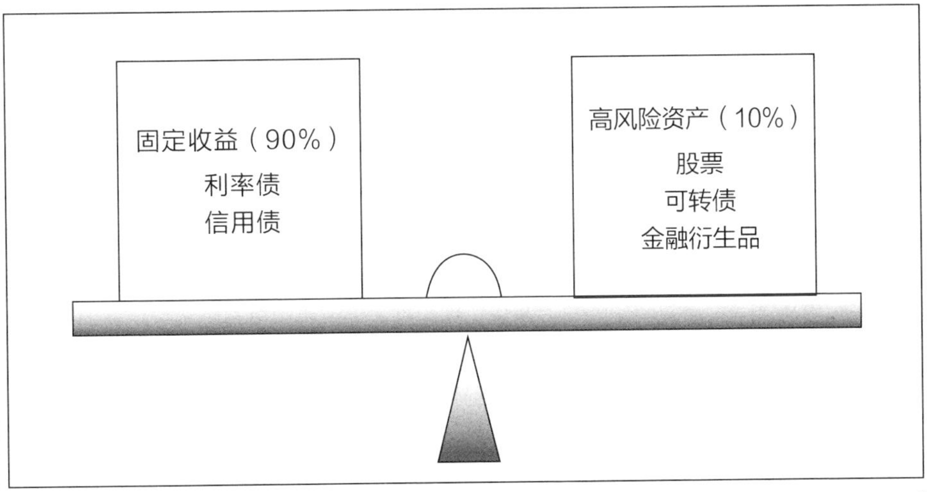

整体运作思路

假如投资者将资产的90%配置在固定收益领域，平均年收益率为3%左右，而将10%的剩余资产投放至高收益品种。那么，这种高收益品种也必然会带来较大的风险。假如其收益波动在±25%之间，那么该资产的收益范围大致为：
最高收益=90%×3%+10%×25%=5.2%
最低收益=90%×3%+10%×（-25%）=0.2%

也就是说，既使投资于高收益品种部分的资产产生25%的亏损，整个投资组合也能确保不会亏损（0.2%）。
当然，在实际投资过程中，很多基金在固定收益投资时还会采取债券再抵押的方式进行融资，然后以买入债券的方式来增厚固定收益。因此很多债券基金的持仓比例甚至出现超过100%仓位的情况。在此情况下，能够允许高风险资产投资的亏损幅度也会更大。

案例分析

低风险配置案例

小王到了一个上有老、下有小的年龄。手中有一笔闲钱，却不敢投向任何有风险的领域，毕竟自己的现状就是不能承受任何风险，但又不甘心只能获得固定收益，比如投向银行存款或货币基金。
有人让他进行组合投资，但他对各类资产投资不是太熟悉，所以一直不敢操作。

基于对投资者个人情况的解读可以看出，该投资者力求投资目标收益超过普通的货币基金，但也不愿意接受亏损（这点更重要）。因此，能够最大程度地保护本金安全的低风险“固收+”产品就是其最佳选择。
目前，这类基金以偏债型混合基金为主，也有一些债券型基金采用该投资配置方案。投资者在选择基金产品时，可以重点查看一下基金的业绩比较基准以及基金资产配置图。

代表性基金品种——财通收益增强债券

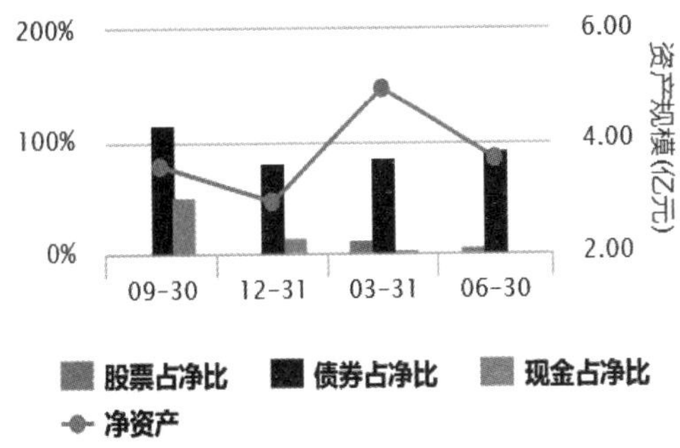

从左侧的基金资产配置图可以看出，该基金的股票占比处于较低的水平，大部分时间都低于10%，2023年第二季度仅为6.48%；而同期的债券资产占比为93.07%。这类基金的收益相对来说会更加稳定。该基金的业绩比较基准为中债综合指数。

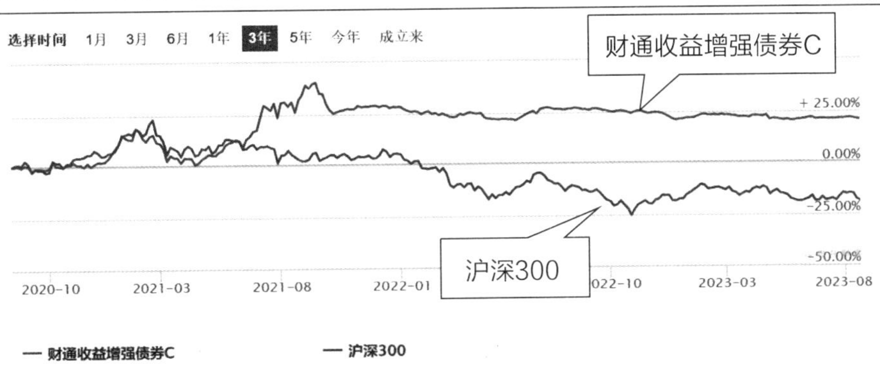

从上面的基金收益走势对比图可以看出，该基金收益的稳定性明显高于沪深300指数。在沪深300指数出现大幅上升或下跌时，该基金也可能会随之出现上升或下跌，但更多的时间还是会呈现稳定上升状况。从三年收益对比来看，该基金涨幅超过20%，明显优于股票指数和货币基金。

从这类基金的收益走势来看，尽管长线持仓很少出现亏损的情况，但这并不意味着短线也不会亏损。毕竟这类基金持仓中有一些股票，而股票价格短期内还是会出现较大幅度的振荡，这都会影响基金短期的收益。

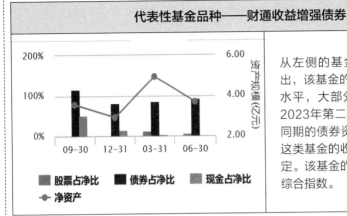

第四章
高风险理财工具

第一节　股票投资工具

工具概述

股票是由股份公司发行的所有权凭证，是股份公司为筹集资金而发行给各个股东作为持股凭证并借以取得股息和红利的一种有价证券。炒股票，其实就是在交易这种凭证。

工具解读

解读	企业需要由证券交易辅导达到一定要求后，在交易所（包括上交所、深交所、北交所等）挂牌上市。此后，该公司股票可在交易所交易，而普通投资者交易股票则需通过证券公司在交易所的席位完成过户交易。

一、炒股的基本盈利模式

工具概述

炒股，就是为了赚钱。事实上，在股市中真正赚到钱的人却是少数。因此，熟悉和掌握交易股票赚钱的模式就显得尤为重要。

工具解读

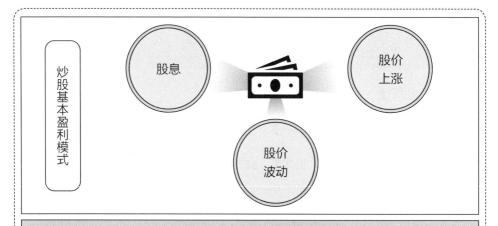

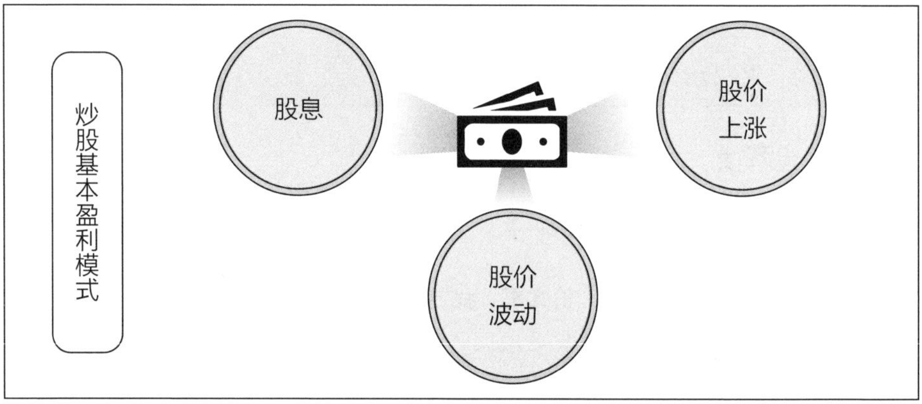

盈利模式一：股息盈利

投资者持有上市公司的股票，以获得相应的股息和红利为目标。

该模式适合分红比率较高的股票，以银行股和超级绩优股为主，且需要投资者长期持仓。

报告期	董事会日期	股东大会预案公告日期	实施公告日	分红方案说明
2022年报	2023-03-31	--	--	10派3.73元(含税)
2022中报	2022-08-27	--	--	不分配不转增
2021年报	2022-03-26	2022-06-29	2022-07-06	10派3.55元(含税)
2021中报	2021-08-28	--	--	不分配不转增
2020年报	2021-03-27	2021-06-30	2021-07-07	10派3.17元(含税)
2020中报	2020-08-29	--	--	不分配不转增
2019年报	2020-03-28	2020-07-01	2020-07-08	10派3.15元(含税)

上图为交通银行最近三年的分红数据。从图中可以看出，其每年每股的分红额度都在0.3元以上，而该股股价却一直徘徊在5元左右。长期来看，持有该股拿股息也是不错的选择。

操作难易程度：简单；股票标的要求：较高；持有周期：长期

盈利模式二：股价上涨

投资者在低位买入股票，持有一段时间后，高位卖出。

该模式比较适合在熊市尾声入场，买入一些优质股。选好股票，就是该模式成功的关键。

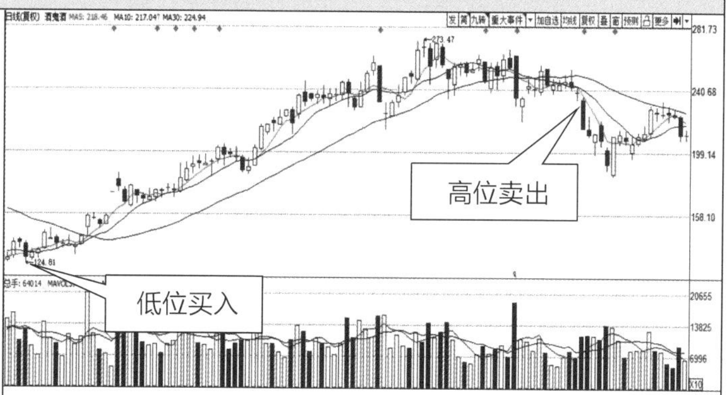

上图为酒鬼酒2021年3月到7月的股价走势图。从图中可以看出，该股在四个多月的时间里，股价翻了一倍。不过，该股上涨过程中也出现了多次调整，投资者要能够“拿得住”股票。

操作难易程度：较难；股票标的要求：较高；持有周期：中长期

盈利模式三：股价波动

股价短期受利好刺激快速拉升。

该模式不考虑股票本身质地，只看股票量价形态有无继续上升的可能。目标是博取股价上行的波段收益，哪怕只有1%的利润。

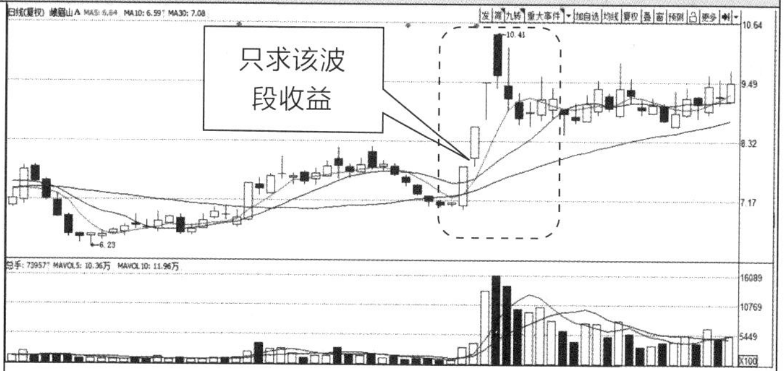

上图方框内为峨眉山A在2022年11月底的股价走势情况。从图中可知，该股在11月中上旬已经出现了回调走势，而后才出现一波急速反攻走势。很多超短线交易者就是靠捕捉这种短线反攻走势获利的。当然，这种模式失败的概率也是很高的，但他们打的是成功率和整体的获利率。比如，十次交易，允许有五次甚至更多的失败（小亏损），但成功时，需要有更高的盈利比率，这样才能弥补之前的亏损。

操作难易程度：极难；股票标的要求：较高；持有周期：短期

二、股价波动的影响因素

工具概述

从以往的经验来看，市场上绝大多数投资者都希望通过股价波动来获得盈利。而造成股价波动的因素，又包括很多方面。

工具解读

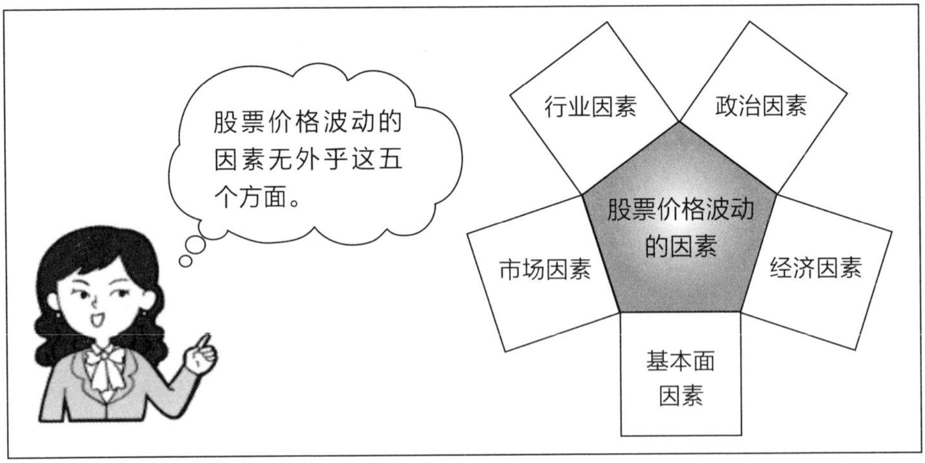

政治因素	国际或国内的一些政治事件都有可能影响股价的涨跌。比如，一些国家发生战争，那么势必影响相关的国际贸易，当然，也会刺激军工类股票上涨。国家发布的一些政策、规划等也能对一个或数个板块的股票产生巨大影响。 比如受俄乌冲突影响，2023年上半年军工股票，特别是中船系股票走势较强。中船科技在2023年4月下旬到5月初的十几个交易日内实现了股价翻番。

经济因素	经济因素主要是指宏观的经济环境，如国家整体经济运行情况、行业经济地位变化以及经济周期变化等。 按照正常的理解，国家经济形势向好时，股市也会向好；反之，当经济下行时，股市也会出现下跌走势。不过，在实际生活中，股市与经济周期走势并不会完全同步，而是要略早于经济周期。

基本面因素	这是股价波动最核心、最内在的一个因素。个股基本面包括公司整体运行态势、公司发展前景、同业地位、公司基本财务数据（包括每股净资产、市盈率、市净率以及净利润增长率等）。通常来说，市场对个股的基本面数据会有一个预期。而当个股基本面数据与市场预期存在一定的落差时，股价就会出现异常波动。比如，市场预期某只绩优股的年度每股收益在3元左右，而实际上可能只有2.5元。那么，即使这只股票的收益仍是非常不错的，但股价仍可能会下跌。因为股价走势已经透支了3元收益的涨幅，而此时的2.5元收益，势必会促成股价的回调；反之亦然。
市场因素	市场因素主要是指主力机构或游资、大户的操盘意向。很多投资大师都曾经说过这样一句话：追随钱的足迹。市场上，主力机构、游资和大户的资金量比较大，他们关注的方向往往会对其他散户起到示范和引领作用，这样就会带动一批股票上涨或下跌。 短期内，资金流入较多的个股或板块，股价上行的概率高；反之，资金流出的板块或个股，股价下行的概率高。
行业因素	行业因素是指每个行业特性对股价波动产生的影响。例如，有些行业具有明显的季节性，那么，销售旺季即将要到的时候，股价就会率先上涨。比如钢铁行业往往会受到国际铁矿石价格波动的影响，因而，当跌矿石价格上涨，而钢材销售价格又无法同步时，就会引发股价下跌。

关于上述五点因素，需要重点注意以下几点：

第一，市场（资金）因素是推动股价波动最直接的因素。

第二，基本面因素是股价波动最根本的因素。

第三，经济因素即国民经济因素，可以推动市场或个股走出大牛市或大熊市。

三、左侧交易

工具概述

左侧交易是指在一个操作周期内，在股价下跌至波谷前买入股票，并在股价上涨至高峰前卖出股票的一种交易模式。其交易核心精髓在于对股市运行趋势的预测，并打好提前量，目的在于及早捕捉股市的拐点。

工具解读

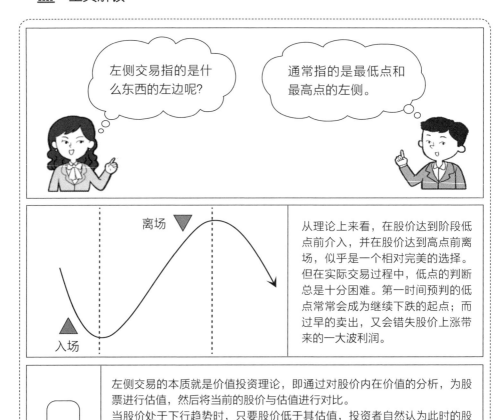

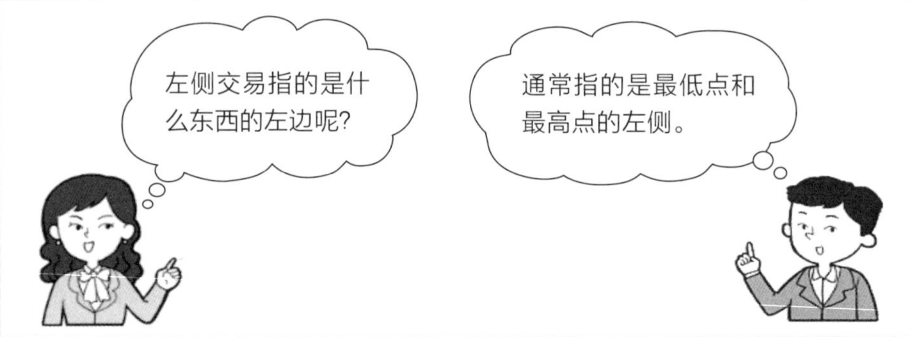
左侧交易指的是什么东西的左边呢?
通常指的是最低点和最高点的左侧。

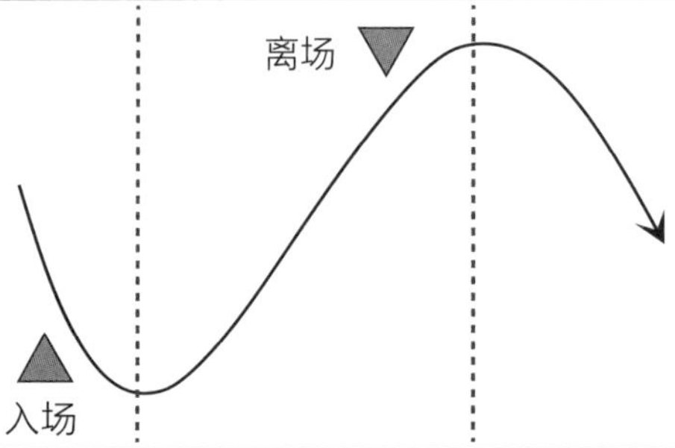
离场
入场

从理论上来看，在股价达到阶段低点前介入，并在股价达到高点前离场，似乎是一个相对完美的选择。但在实际交易过程中，低点的判断总是十分困难。第一时间预判的低点常常会成为继续下跌的起点；而过早的卖出，又会错失股价上涨带来的一大波利润。

解读

左侧交易的本质就是价值投资理论，即通过对股价内在价值的分析，为股票进行估值，然后将当前的股价与估值进行对比。

当股价处于下行趋势时，只要股价低于其估值，投资者自然认为此时的股票就是值得投资的标的，因而，当股价创出阶段新低时，投资者往往会入场建仓。毕竟，从价值投资的角度考虑，股价低于内在价值的时候就是值得投资的标的，短期内无论股价上涨或下跌，这些投资者也不会离场；只有当股价上涨一定幅度后，股价已经超过其内在估值了，投资者才会择一高点将其抛售，至于未来股价是否还会创出新的高点，已经不重要了。

工具应用

左侧交易应用

资金配置：左侧交易多为长线投资，而且还需要资金分批投入。因此，需注意资金与仓位的配置，防控风险。

甄选股票：左侧交易对股票本身质地有严格的要求。低于内在价值的超级绩优股往往会成为优先选择的目标。

制订交易计划：根据股票内在价值以及价格走势，制订科学的交易计划，涵盖加仓、减仓与离场计划等。

选入场位置：根据股票估值，结合股价走势情况和技术指标确定大致的低点位置，择机入场建仓。

解读

尽管从理论上很难捕捉到最低点，同时，依据价值投资理念，也无须等到最低点（只要股价大幅低于内在价值即可）。但在实际操作过程中，股价若无明确的止跌企稳信号，投资者也没有理由入场。因此，当股价开始大幅低于内在价值时，可以将其看成来到了理想的伏击范围，至于具体的入场点，则可以通过各类技术指标来辅助分析。顶部离场位的选择，也可参照入场点位的选择。

工具示例

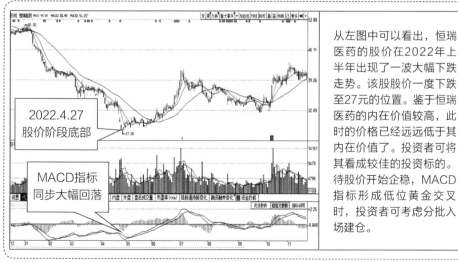

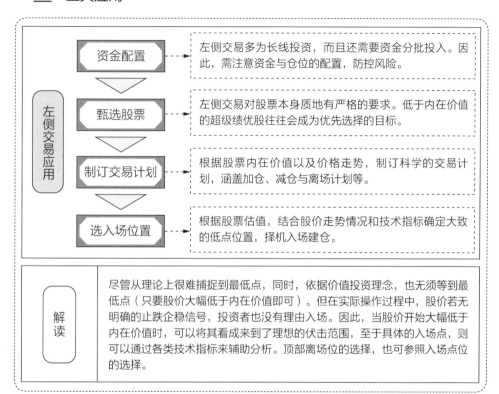

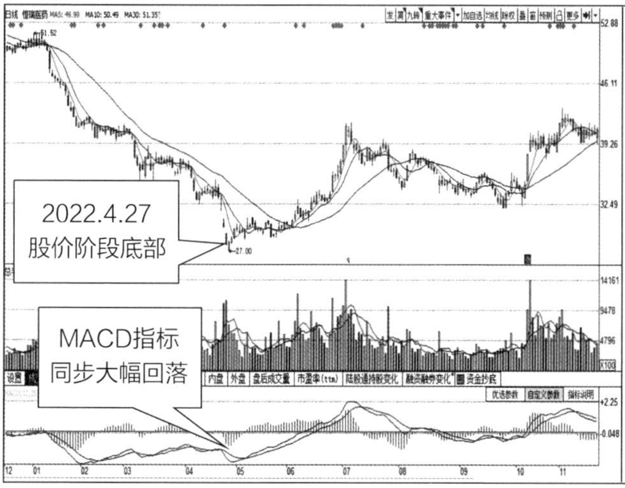

从左图中可以看出，恒瑞医药的股价在2022年上半年出现了一波大幅下跌走势。该股股价一度下跌至27元的位置。鉴于恒瑞医药的内在价值较高，此时的价格已经远远低于其内在价值了。投资者可将其看成较佳的投资标的。待股价开始企稳，MACD指标形成低位黄金交叉时，投资者可考虑分批入场建仓。

四、右侧交易

工具概述

右侧交易是目前应用最为广泛的交易体系，指在一个操作周期内，当股价走出波谷后买入股票，并在股价顶部形成后卖出股票的交易模式。

工具解读

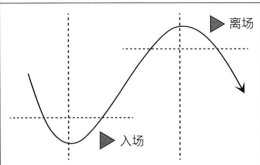

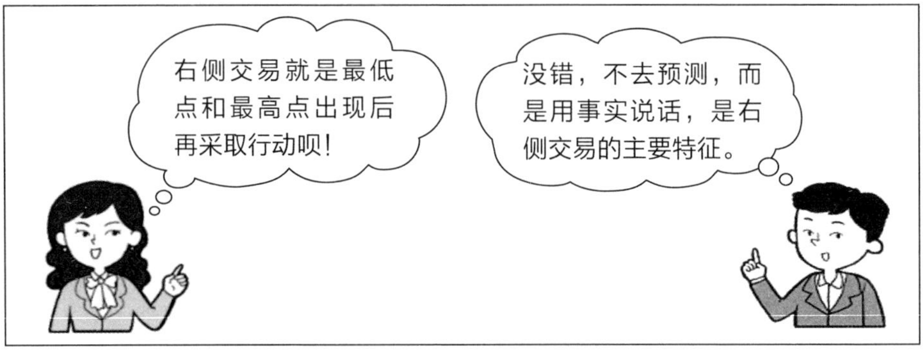
右侧交易就是最低点和最高点出现后再采取行动呗！
没错，不去预测，而是用事实说话，是右侧交易的主要特征。

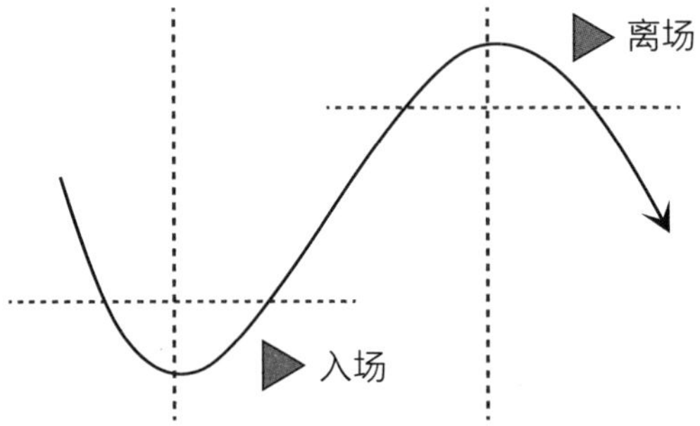
离场
入场

相对而言，在低点和高点形成后再做判断，要比事前判断容易得多。这也是目前股票交易市场使用最多的一种交易策略。从本质上来说，几乎所有的技术指标都是基于右侧交易策略设计的。

当然，事后判断也并不是百分百准确，也要承担一定的失败风险。

解读

右侧交易的本质就是市场上常用的证券技术分析理论。在市场走出底部或顶部后再采取交易行动。尽管从理论上来说，可能会错失股价上涨的第一阶段利润，还可能会让自己到手的利润被蚕食一部分后才离场。但是，按照技术分析理论，股价走势的中间阶段可能是利润最大，同时又是风险最小的一个阶段。

也就是说，右侧交易就是要通过放弃一部分可能的利润来提升投资的安全性，降低投资风险。总体而言，右侧交易对股票质地的要求并不高。

工具应用

右侧交易应用

- **资金配置**：右侧交易的风险也很大，而且很多交易都是中短线交易，因而资金与仓位的配置仍是核心环节。
- **制订交易计划**：针对各只拟操作股票，制订详细的交易计划，包括买入信号、加仓、减仓与离场信号等。
- **买入交易**：待目标股票发出交易信号，如突破某一阻力位或技术指标金叉等，即可执行买入操作。
- **卖出交易**：待持仓股票发出明确的卖出信号时，如跌破均线或某一支撑位、技术指标死叉等，即可执行卖出操作。

解读

目前，市场上的技术分析指标或工具基本上都是以股价和成交量为计算依据，因此，其不可避免地会带有很大的滞后性。同时，一些主力庄家也常常利用散户喜欢使用技术指标发出的交易信号这一特点，刻意制造一些虚假的交易信号。凡此种种，都让右侧交易执行起来也同样非常困难。投资者往往需要借助多种技术分析指标与工具来辅助判断股票的买点与卖点。

工具示例

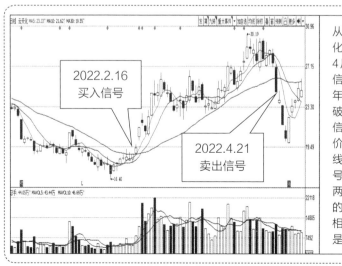

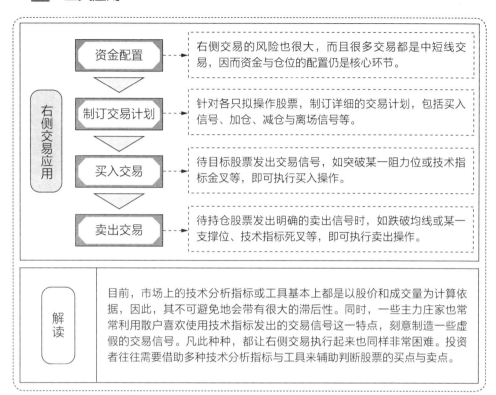

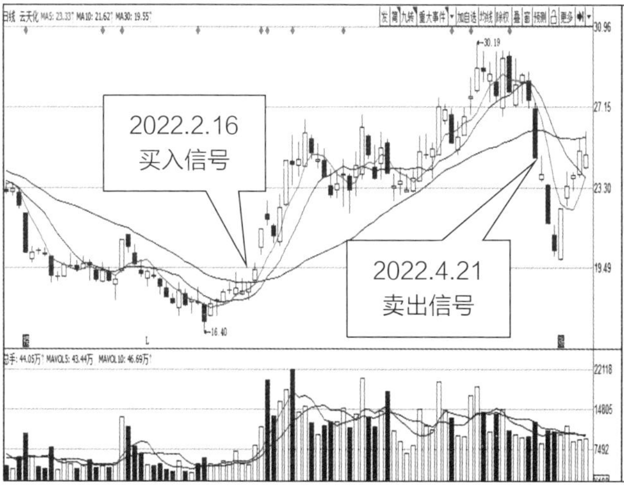

从左图中可以看出，云天化的股价在2022年2月到4月曾发出了明确的买入信号与卖出信号。2022年2月16日，该股向上突破中期均线是典型的买入信号。到了4月21日，股价K线又跌破了该中期均线，这是典型的卖出信号。从图中可以看出，这两个突破点位并不是股价的最低点和最高点，而是相对的低点和高点，这就是典型的右侧交易信号。

第二节　股票型基金工具

工具概述

股票型基金，是指投资于股票市场的基金。在 2015 年之前，股票型基金的仓位限制在 60% 以上。按照 2015 年最新的基金仓位管理规定，股票型基金所持股票的总仓位必须达到基金资产的 80%。

工具解读

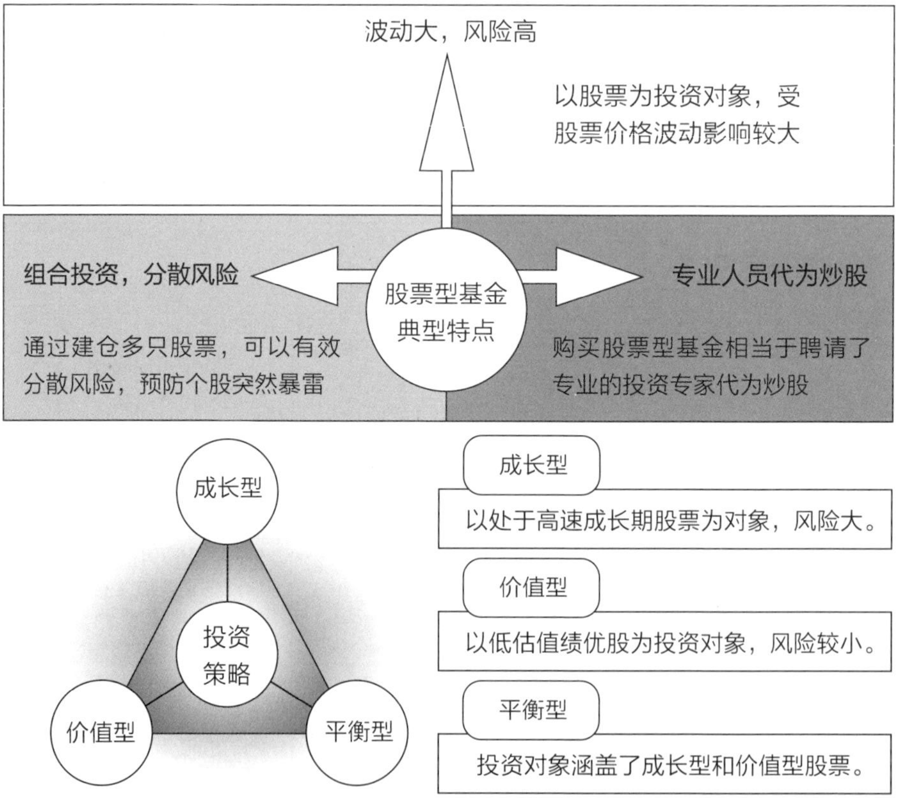

一、投向分析

工具概述

各股票型基金，因其具体投资方向不同，对基金净值的走势产生的影响也不同。比如，有的基金偏重于蓝筹股；有的基金则侧重于小盘股；有的基金属于典型的消费行业基金等。

工具解读

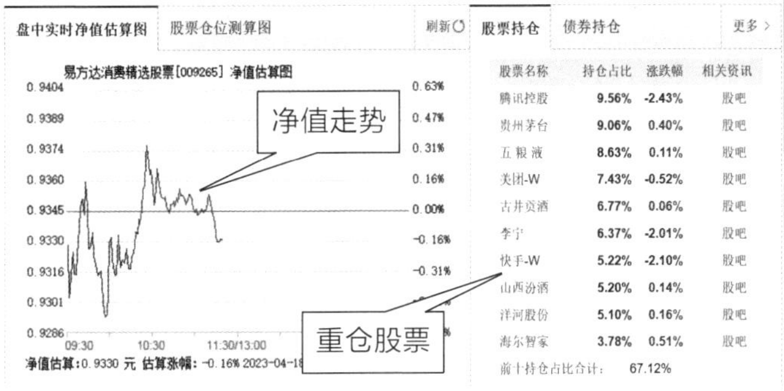

左图为易方达消费精选股票基金的净值走势和重仓股名单。其实，从基金名称中也可以看出，该基金的投资对象为“消费行业股票”；从十大重仓股中也可以印证这一点，毕竟这些同属于消费行业。

分类

- 按市值大小分类：包括以大盘、中盘为投资对象的基金，如摩根大盘蓝筹、国富中小盘股票等。
- 按行业分类：以行业作为股票投资分类标准的基金，如万家消费成长、博时军工主题股票等。
- 按主题分类：以具有相同概念、主题的股票为投资对象的基金，如光大一带一路、宝盈人工智能股票等。

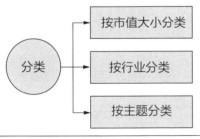

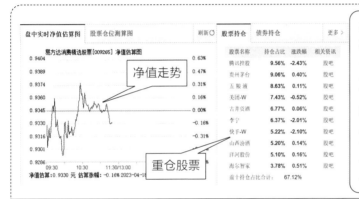

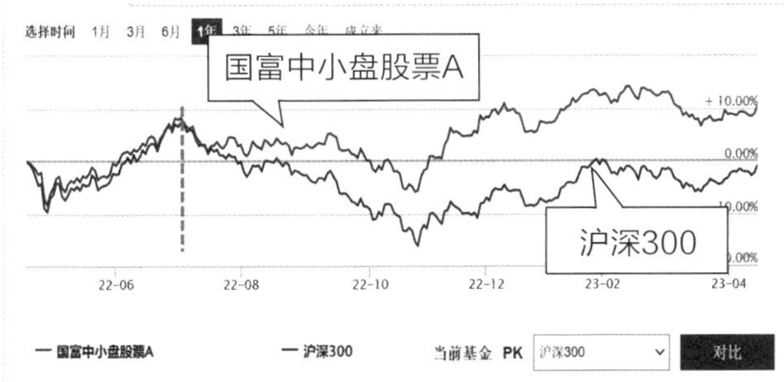

左图为国富中小盘股票A基金净值走势与沪深300指数走势的对比图。从图中可以看出，自2022年7月沪深300指数大幅走低开始，国富中小盘的跌幅远远小于沪深300指数，并开始明显强于沪深300指数。

二、波动与交易技巧

工具概述

股票型基金的波动与股票市场的波动关系密切。同时，很多以行业板块、主题板块配置为主的基金还会受行业股票波动的影响，基金净值也会呈现明显的波动。因此，适时地进行高低切换，无疑可以将收益最大化。

工具解读

板块轮动

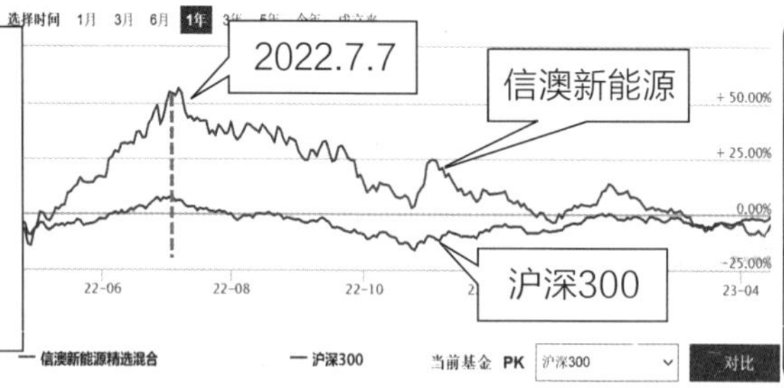

从左图可以看出，在2022年7月初之前，新能源板块属于市场领涨板块，涨幅明显强于沪深300指数。此后，信澳新能源精选混合基金净值走低的幅度也大于沪深300指数。因此，高位减持基金，就是股票型基金操作的必然选择。

进场与离场

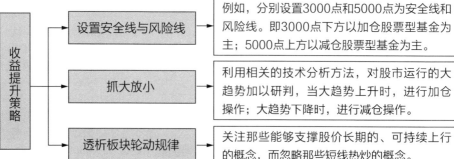

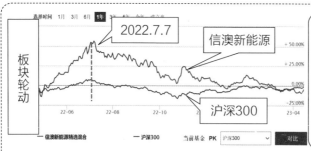

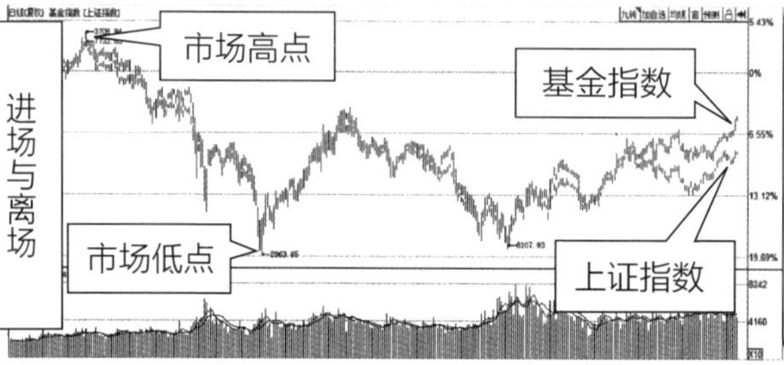

从左图可以看出，基金指数的走势与上证指数的走势基本一致。可见，在净值高点离场，并在底部入场建仓是十分必要的。同时，在高位卖出股票型基金时，切换至债券型基金，也是不错的选择。

收益提升策略

- 设置安全线与风险线 → 例如，分别设置3000点和5000点为安全线和风险线。即3000点下方以加仓股票型基金为主；5000点上方以减仓股票型基金为主。
- 抓大放小 → 利用相关的技术分析方法，对股市运行的大趋势加以研判，当大趋势上升时，进行加仓操作；大趋势下降时，进行减仓操作。
- 透析板块轮动规律 → 关注那些能够支撑股价长期的、可持续上行的概念，而忽略那些短线热炒的概念。

工具解析

招商行业精选股票基金(000746)

净值估算数据按照基金历史披露持仓和指数走势估算，不构成投资建议，仅供参考，实际以基金公司

净值估算2023-04-21 15:00	单位净值（2023-04-20）	累计净值
3.6843 -0.1117 -2.94%	3.7960 3.69%	3.7960
近1月：20.74%	近3月：15.59%	近6月：22.53%
近1年：13.55%	近3年：61.46%	成立来：279.60%

基金类型：股票型 | 中高风险　基金规模：25.75亿元（2023-03-31）　基金经理：贾成东

成 立 日：2014-09-03　管 理 人：招商基金　基金评级：★★★☆☆

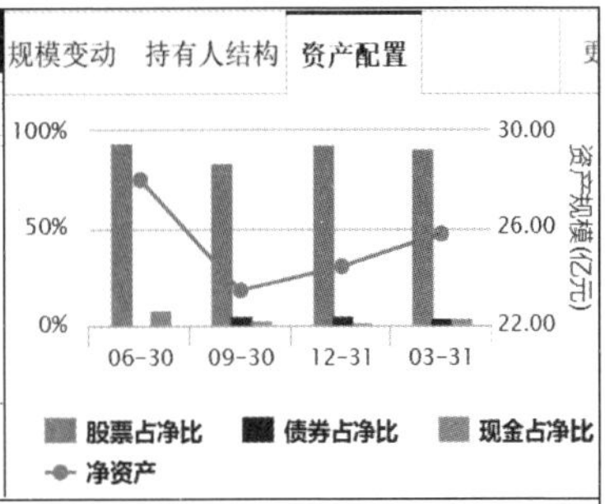

上图为招商行业精选股票基金近期收益及其资产配置情况。

从图中的数据可以看出，尽管股市大盘最近两年经历了较大的振荡，但招商行业精选股票基金整体上保持了稳定上升态势。近3年的总收益达到了61.46%，这是相当不错的业绩。从其持仓情况可以看出，股票的仓位还是比较高的，超过了90%，债券仓位不足5%，现金不足5%，这说明基金净值最终要受股市大盘和基金经理选股能力的影响。

持仓分布

股票持仓　债券持仓　更多 >

股票名称	持仓占比	涨跌幅	相关资讯
锦江酒店	8.07%	-4.93%	股吧
中际旭创	7.04%	-3.47%	股吧
吉祥航空	5.45%	-2.21%	股吧
中国国航	5.30%	-1.93%	股吧
首旅酒店	5.12%	-3.13%	股吧
浪潮信息	5.00%	2.28%	股吧
天孚通信	4.97%	-10.46%	股吧
沪电股份	4.77%	-5.98%	股吧
南方航空	4.74%	-1.92%	股吧
中国东航	4.45%	-1.88%	股吧

前十持仓占比合计：54.91%

持仓截止日期：2023-03-31　更多持仓信息>

左图为招商行业精选股票基金的股票持仓，右图为该基金的债券持仓。该基金股票持仓以航空股居多，债券则以国债为主。该基金的投资风格是以绩优股为主，并辅助信用等级极高的债券。

股票持仓　债券持仓　更多 >

债券名称	持仓占比	涨跌幅
22国债14	4.73%	0.01%

前一持仓占比合计：4.73%

持仓截止日期：2023-03-31　更多持仓信息>

收益走势

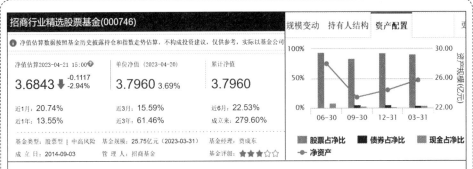

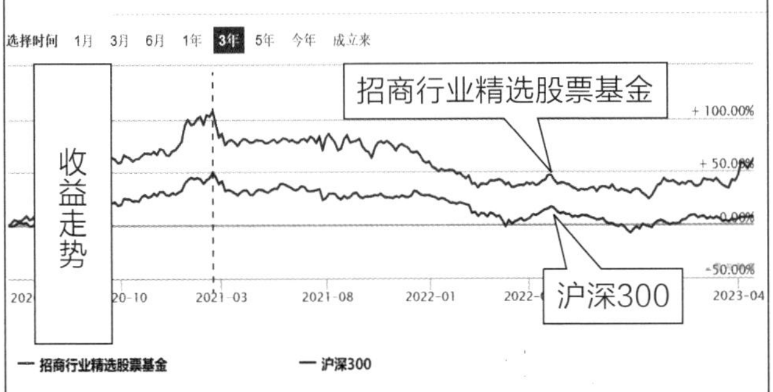

左图为招商行业精选股票基金与沪深300指数走势对比图。从其对比中可以看出，在2021年年初，大盘上升时，招商行业精选股票基金的涨幅更高，而在大盘下跌时，其跌幅小于沪深300指数。

这说明该基金的基金经理选股能力还是非常不错的。

综述

相对而言，股票型基金的收益与风险都是相当大的。投资者投资该类基金需要具备一定的风险承受能力，同时能够对整个市场的走势有一定的了解。在股市高点减仓或清仓；在股市低点加仓或建仓，才是股票型基金的操作之道。

第三节　期货投资工具

工具概述

期货不是“货”，它是由交易所统一制定的、规定在未来某一特定时间和地点交割一定数量标的物的标准化合约。

工具解读

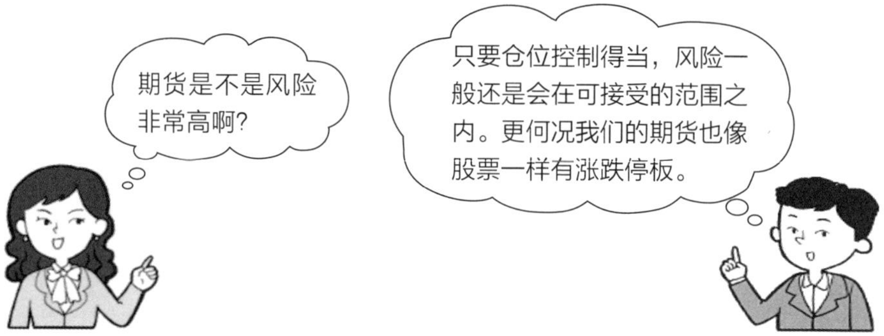

期货的典型特征

- 期货的本质就是一种合约。
- 期货合约还必须是一种标准化的合约，全部按照交易所要求填写。
- 期货交易是由交易所主导的，包括交割仓库都由交易所指定。

一、正确认识期货市场

工具概述

期货市场是按达成的协议交易并按预定日期交割的金融市场。对于普通投资者来说，期货市场就是期货合约交易的场所。

工具解读

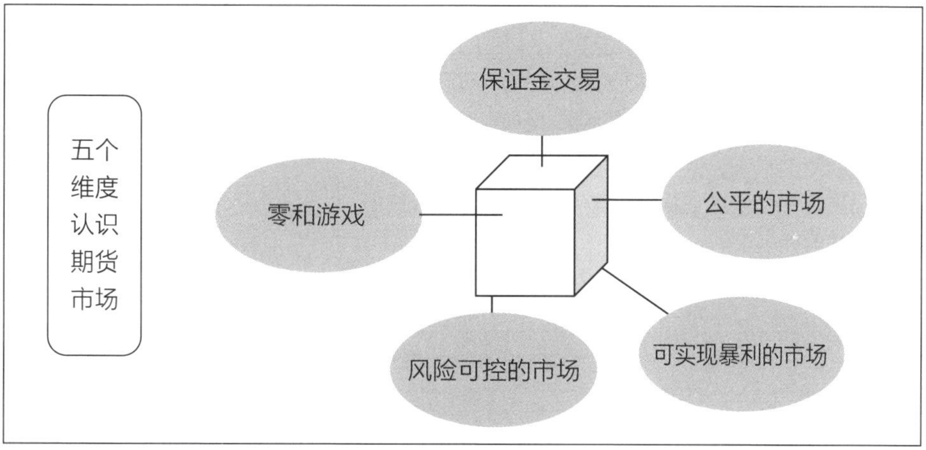

保证金交易

保证金交易，是期货市场最显著的一个特色。所谓的保证金，就是当你想要获得一批货物所有权时，并不需要付全款，只需要付一定比例的保证金就可以了。

以豆粕为例，豆粕期货1手是10吨。做现货的话，假设每吨3000元，一手10吨就是3万元。但在期货市场拥有这10吨豆粕，并不需要付3万元，只需要付10%的保证金，也就是3000元，就拥有一手10吨豆粕的所有权。未来这批豆粕如果涨了，可以赚10吨的钱；同样，如果亏了，也是亏10吨的钱，相当于把资金放大了10倍。

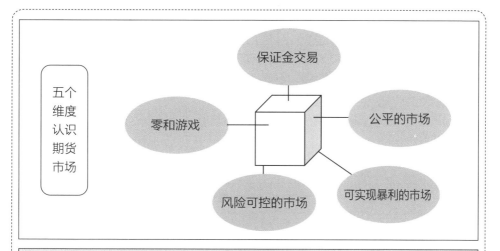

零和游戏

期货交易是一种零和游戏，有时甚至是负和游戏。期货市场上，如果没有新的参与者进来的话，就没有新的资金进来，总的资金是固定不变的，每天都有成交量，每天都会产生手续费，那么总的资金在减少。所以说期货市场是一个负和游戏市场。

公平的市场

期货市场的制度是公平的。期货市场有着最为灵活的交易机制，既可以做多也可以做空，还可以日内交易。如果你认为趋势判断错了，可以随时卖出或者反手。

风险可控的市场

相比于股票市场，期货交易的波动更为剧烈，加之保证金交易，使得整个期货交易的风险看起来比较大。但这种风险又是完全可控的。

做好风险控制，首先要从总资金上做好风控，其次，再对单笔交易做好止损。如果这两点都做到了，期货风险就是完全可以控制的。

可实现暴利的场所

期货市场有保证金制度、日内交易制度，还可以做多或做空，这么灵活的交易制度就是暴利的土壤。

在风险可控的范围之内，期货交易还是有可能实现暴利的。这是我们从事期货交易最基本的认知和判断。暴利的实现是需要付出大量艰辛的努力的，还要有广阔的胸襟。但梦想还是要有的，万一实现了呢?

二、价格波动与供需变化

工具概述

在期货基本面分析领域，供给与需求分析是最核心的内容。很多影响价格波动的因素，最终都可以归结到供给与需求变化的层面。

工具解读

供给与需求之间的关系，是所有商品以及商品期货价格波动的内在动力。通常来说，供给大于需求，价格就会处于下行通道；供给小于需求，价格就会处于上行通道。

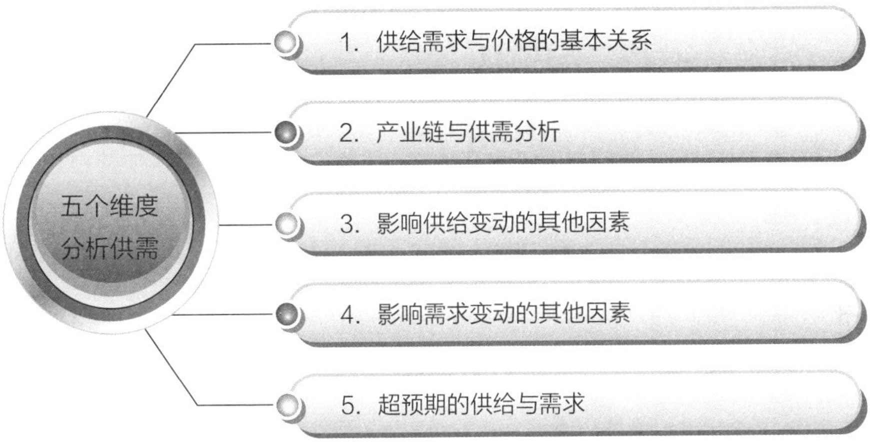

供给需求与价格的基本关系

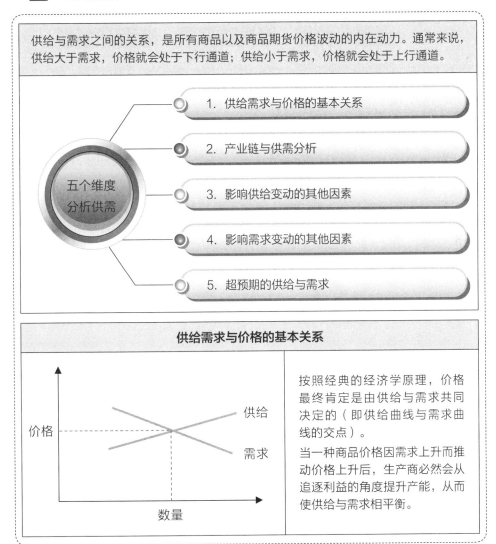

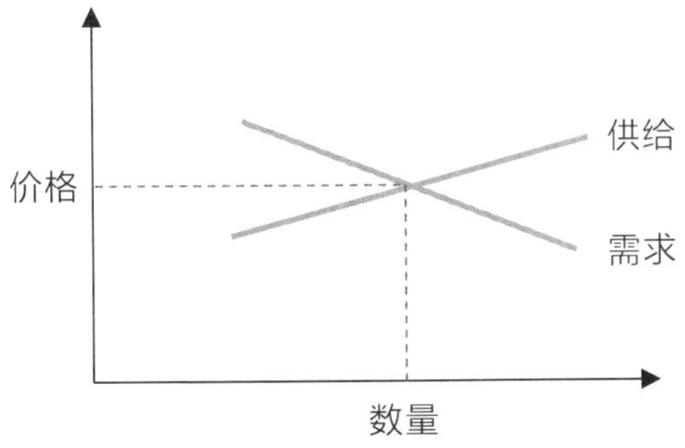

按照经典的经济学原理，价格最终肯定是由供给与需求共同决定的（即供给曲线与需求曲线的交点）。

当一种商品价格因需求上升而推动价格上升后，生产商必然会从追逐利益的角度提升产能，从而使供给与需求相平衡。

产业链与供需分析

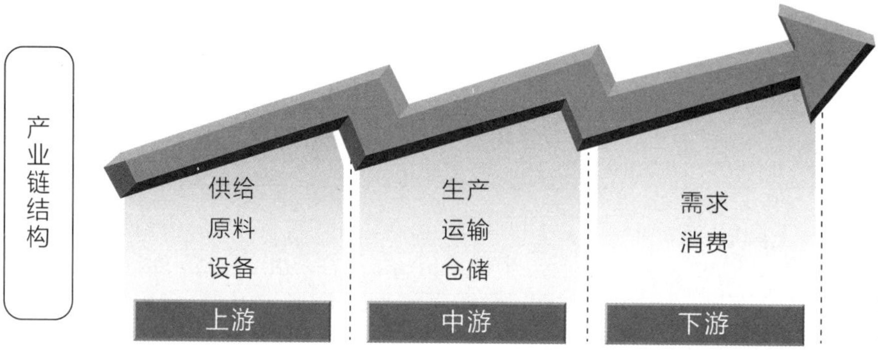

一般产业的产业链中涵盖了生产商、仓储与物流企业、贸易商以及消费方等。当然，在产业链中所处的位置（上游还是下游），其实都是相对的，在这一产业链中可能属于下游，在另一产业链中又可能属于上游。

影响供给变动的其他因素

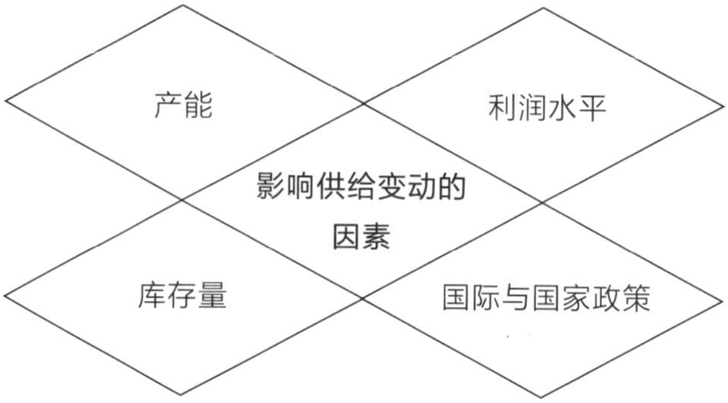

影响需求变动的其他因素

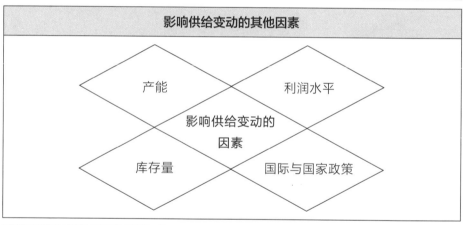

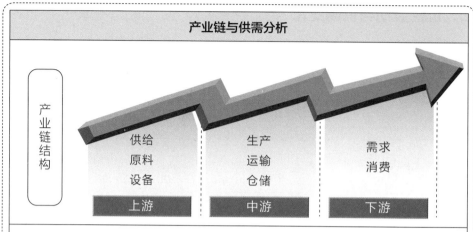

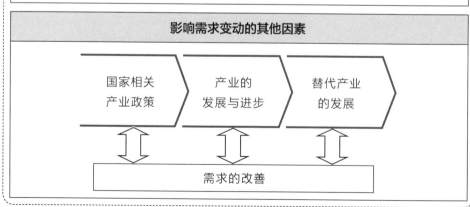

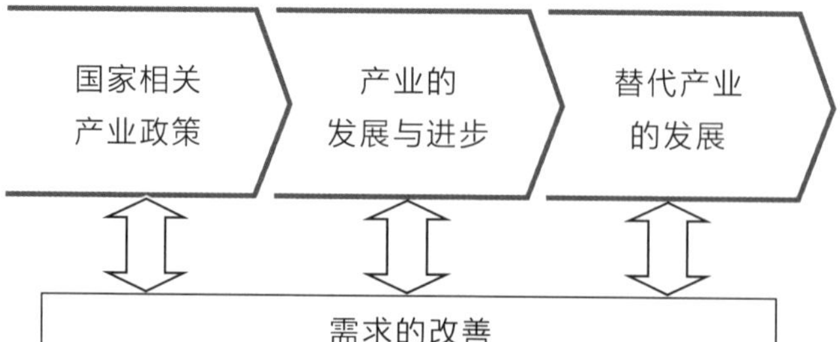

超预期的供给与需求

当市场上某种物资供给趋于紧张时，市场可能会先一步通过需求以及供给方面的细节有所感知，并在期货价格方面有所反映。因而，当这种供给紧张消息放出来的时候，尽管可能会引发短暂的价格加速上行，但也存在部分先前的获利盘兑现平仓的可能。事实上，我们在关注供给与需求时，更应该关注超预期的情况。

三、期货品种的选择

工具概述

除了套期保值的投资者外，绝大多数的投资者投入期货市场都是一种投机行为。投机标的的选择则是首先应该考虑的事项。

工具解读

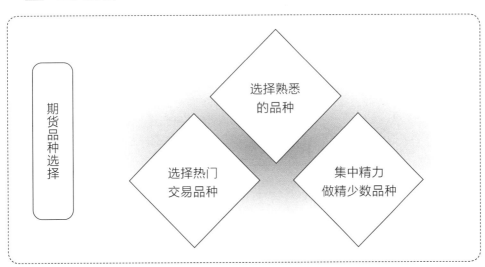

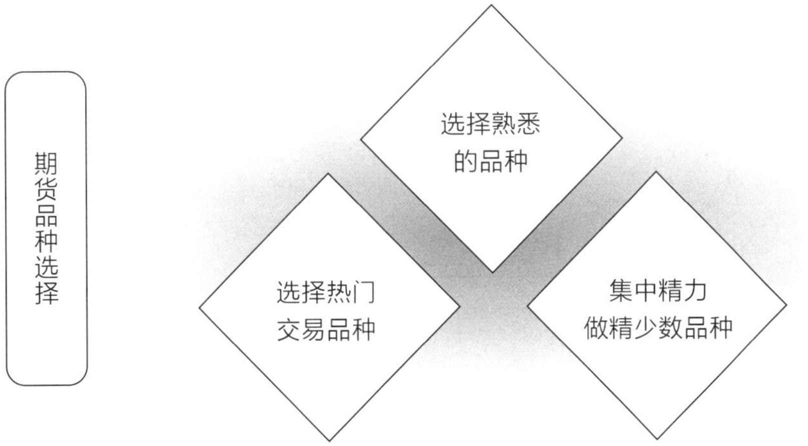

选择熟悉的品种

作为普通投资者，可能很难对期货品种有深度了解，但还是要对期货品种的基本情况有所了解，并尽可能多地掌握投资标的的信息。以下几方面信息是不可或缺的，如期货品种的价格影响因素；主要供求关系包括主要供应商；期货品种的价格波动情况，有些品种波动比较剧烈，有些品种波动则比较小；期货品种的价格涨跌周期等。

比如，在期货市场上，铜、铝等有色金属期货的价格波动相对较小，而橡胶、白糖等期货的价格波动则比较大。至于选择何种期货品种，则要看投资者个人的心理承受能力。

选择热门交易品种

基于投机目的而进行的交易，若选择交易清淡的品种，则很难及时平仓撤出或者会为了平仓不得不牺牲价格，因而，投资者在选择交易品种时，应该尽量选择那些交易量较高、成交活跃的品种。

集中精力做精少数品种

交易品种过多，很可能导致投资者没有那么多的精力对各个品种进行详细的分析，最后可能会对交易品种相关信息与知识了解不够充分，导致交易失败。

将有限精力放在少数熟悉的品种上，才是明智之举。

第四节　黄金投资工具

工具概述

黄金因其所具备的独一无二的特性，成为人们心中财富的象征。在投资市场上，黄金是非常重要的投资标的物。

工具解读

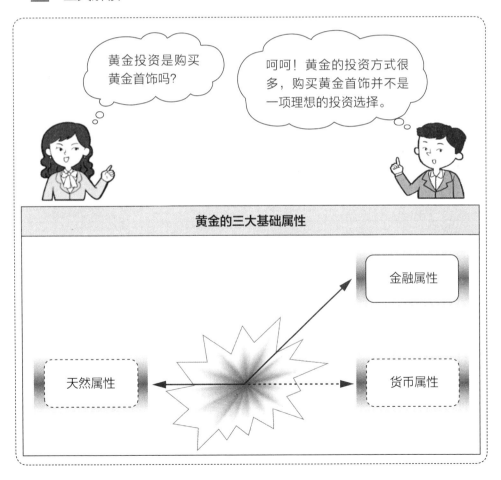

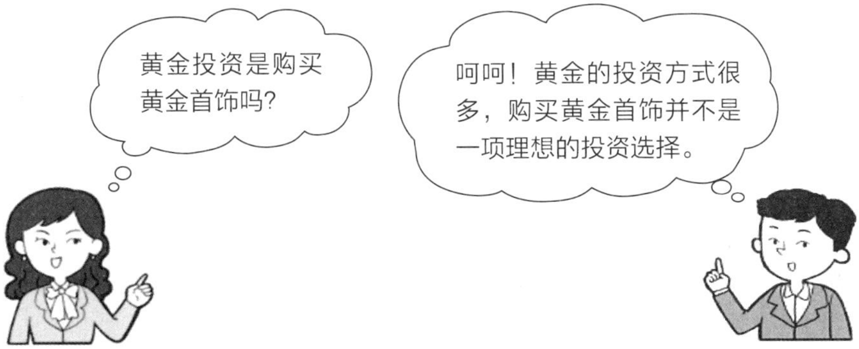

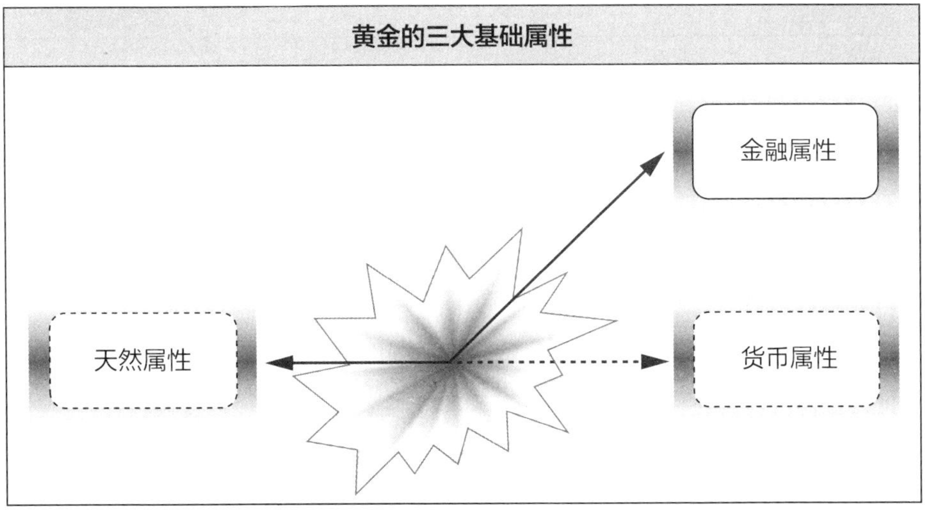

一、投资品种

工具概述

由于黄金所具备的多重属性，使其成为投资市场的“宠儿”，并开发了多种投资产品。

工具解读

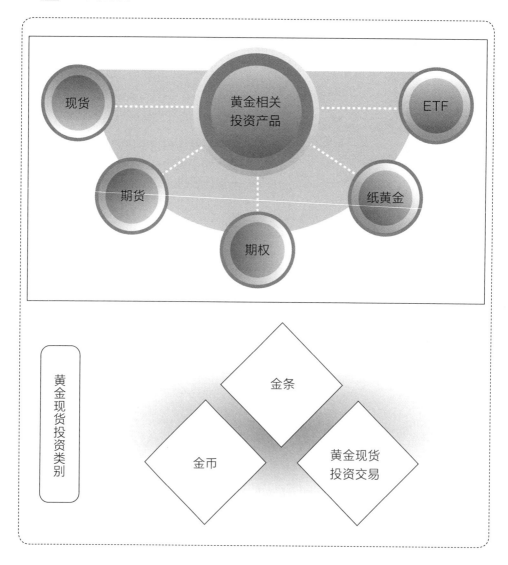

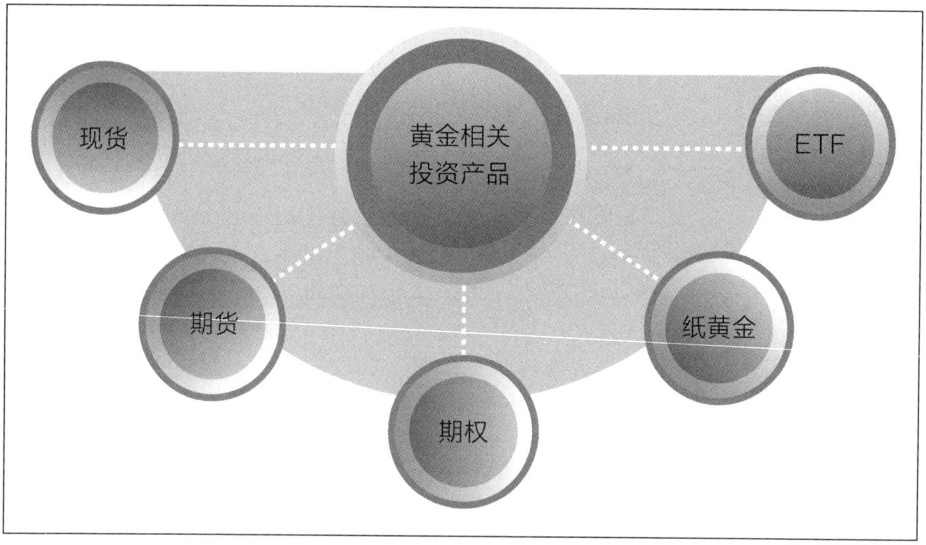

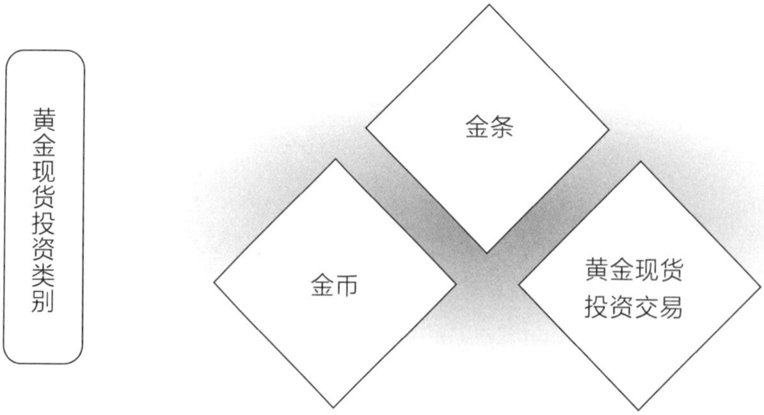

黄金期货交易	黄金期货，全称是黄金期货合约，是以黄金为交易对象的期货合同。目前，黄金期货已经成为黄金投资领域最主要的细分投资领域了。
黄金期权交易	期权是买卖双方在未来约定的价位具有购买一定数量标的的权利，而非义务。如果价格走势对期权买卖者有利，则会行使其权利而获利，如果价格走势对其不利，则放弃购买的权利，损失的只有当时购买期权时的费用。 2019年12月20日，黄金期权正式开始在上海期货交易所上市交易。
纸黄金交易	纸黄金交易，是指不做实物黄金交割的账面黄金交易活动，又称记账黄金交易。也就是说，纸黄金交易双方所交易的标的就是一张黄金所有权的凭证，而非实物黄金。纸黄金账户的黄金额度只能用于买入或卖出交易使用，而不能用来提取实物黄金。
黄金ETF交易	黄金ETF基金，是指绝大部分基金财产以黄金为基础资产进行投资，紧密跟踪黄金价格，并在证券交易所上市的开放式基金。 这类基金的运行原理：由大型黄金生产商向基金公司寄售实物黄金，随后由基金公司以此实物黄金为依托，在交易所内公开发行基金份额，销售给各类投资者，商业银行分别担任基金托管行和实物保管行，投资者在基金存续期内可以自由赎回。

黄金投资的途径很多，但获利的原理基本相似，都是靠获得黄金价格波动的价差来盈利。因此，对于投资者来说，能否准确判断黄金价格波动方向是黄金投资获利的关键。

同时，很多黄金投资方式（除了现货买卖外）都用的是杠杆交易，这就使得黄金投资的风险往往都比较大。

二、价格波动影响因素

工具概述

黄金是非常特殊的商品，其价格波动固然会受到一定的供给与需求方面的影响，但受全球经济基本面、地缘政治结构等因素的影响更大。

工具解读

黄金价格波动的主要影响因素

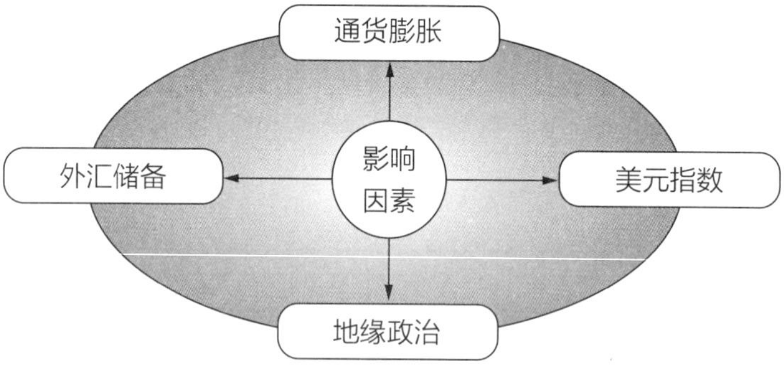

通货膨胀与黄金价格

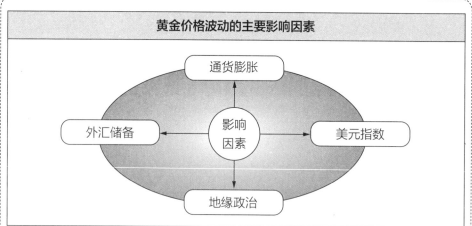

通货膨胀通常指的是在纸币流通条件下，因货币供给大于货币实际需求，即现实购买力大于产出供给，导致货币贬值，而引起的一段时间内物价持续而普遍的上涨现象。

美元指数与黄金价格

美元指数是综合反映美元在国际外汇市场的汇率情况的指标，用来衡量美元对一揽子货币的汇率变化程度。它通过计算美元和对选定的一揽子货币的综合变化率，来衡量美元的强弱程度，从而间接反映美国的出口竞争能力和进口成本的变动情况。

之前，在布雷顿森林体系下，黄金就是美元的锚定物，是美元的基础。布雷顿森林体系瓦解之后，美元与黄金彻底脱钩，美元与黄金价格开始呈现明显的反向波动态势。

地缘政治与黄金价格

地缘政治是根据地理要素和政治格局的地域形式，分析和预测世界或地区范围的战略形势和有关国家的政治行为。

不过，地缘政治不稳对黄金价格的影响也会从多方面展开。不同的地缘政治情况，对黄金价格发挥影响的方向也可能不同。

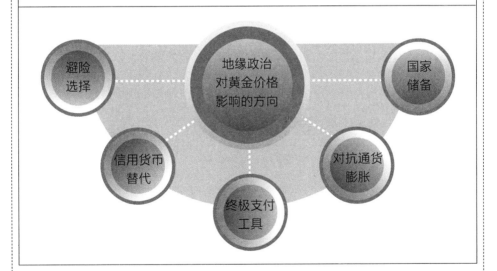

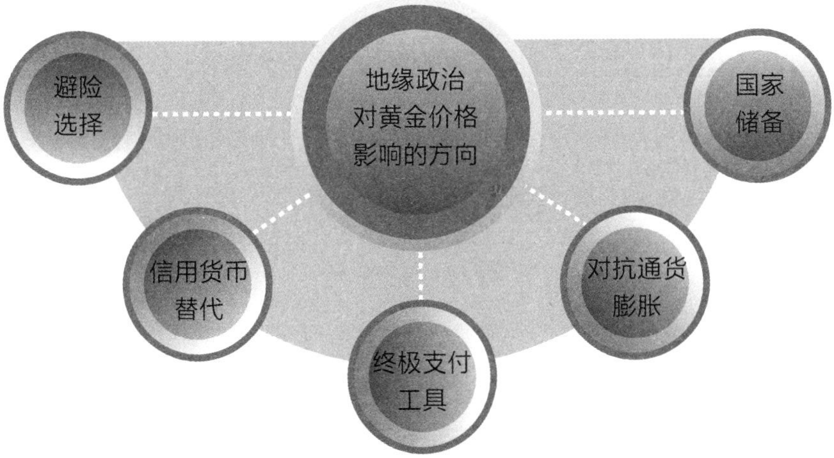

外汇储备与黄金价格

黄金是全世界公认的最有价值的资产。黄金具有体积小、易运输和保管、价值稳定等诸多优点，很多时候还可以作为紧急支付工具，因而，在各国战略储备中占据重要的位置。

案例分析

黄金投资案例

小张成家三年多了，最近家里又添了一个儿子。尽管自己目前的收入还算不错，但免不了对未来有些担忧。

于是，他想到了存黄金的理财方式。可是，直接购买实物黄金毕竟存储比较麻烦，而且出售黄金时，还会被扣一定的费用。一时间不知道如何是好。

核心诉求分析

核心诉求	分析
与黄金价格走势一致	投资黄金就是看中其良好的保值功能。因而，所选的黄金投资品种也必然要与黄金一样保值。
费用较低	黄金交易与保管的费用相对较高，因而，一些交易费用低廉的黄金品种是较佳的选择。
变现方便流动性好	所选的投资品种必须在想要变现的时候能够快速变现。

基于以上分析可知：目前国际上比较流行的黄金ETF是一个不错的选择。黄金ETF价格紧跟黄金市场走势，同时，投资者还可以像交易股票一样交易黄金ETF。

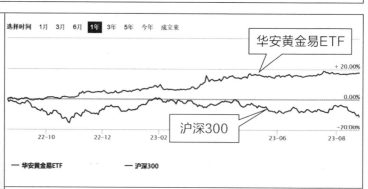

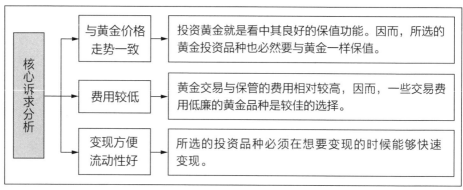

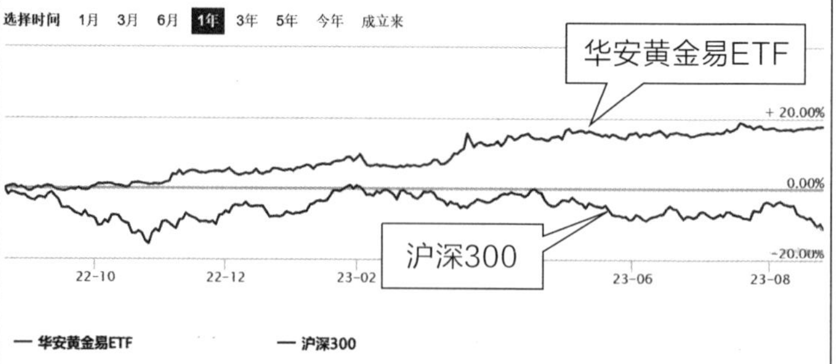

从上图的走势对比可以看出，华安黄金易ETF的走势更为平稳，呈振荡上扬态势，收益远比沪深300稳健。

第五章
其他理财工具

第一节　保险理财工具

工具概述

保险，本意是稳妥可靠的保障，后延伸成一种保障机制，成为规划人生财务的工具，是市场经济条件下风险管理的基本手段，是金融体系和社会保障体系的重要支柱。

工具解读

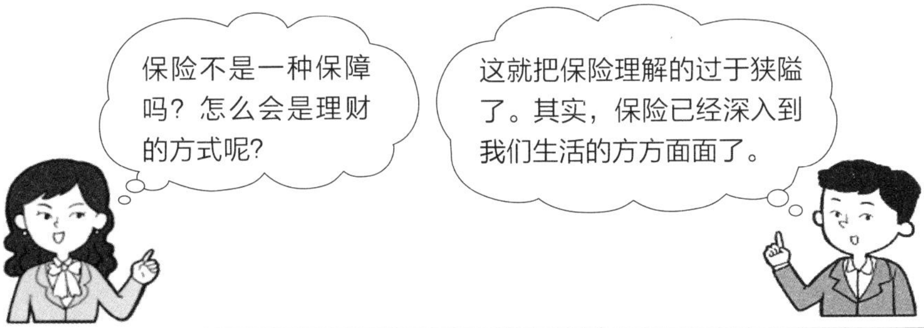

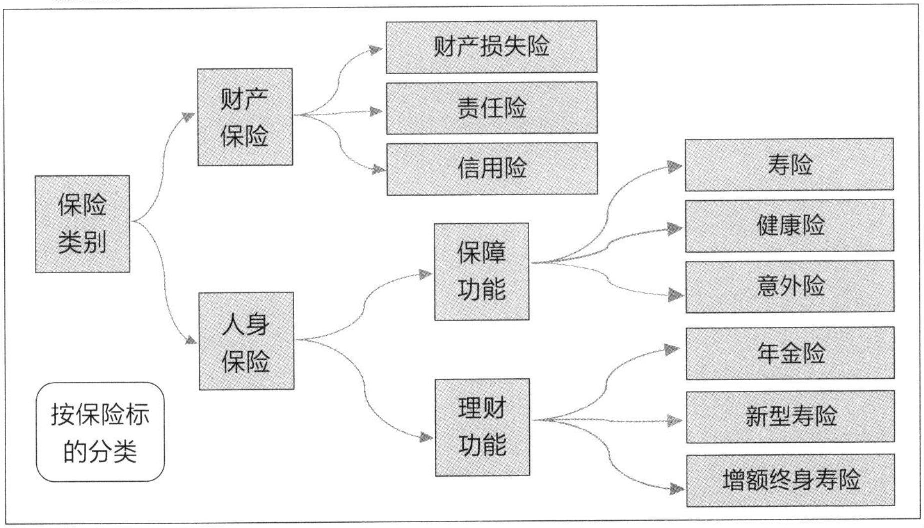

我们常说的理财保险，是一种集保险保障与投资理财功能于一身的险种。实质上就是人身保险中具有理财功能的各类保险品种。

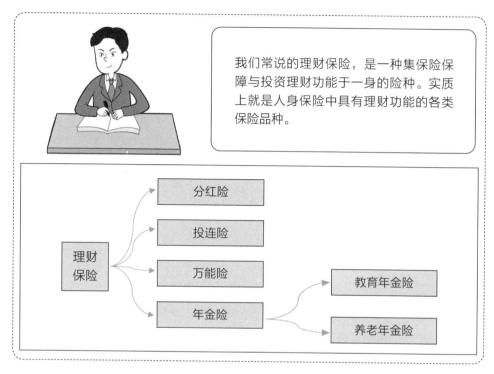

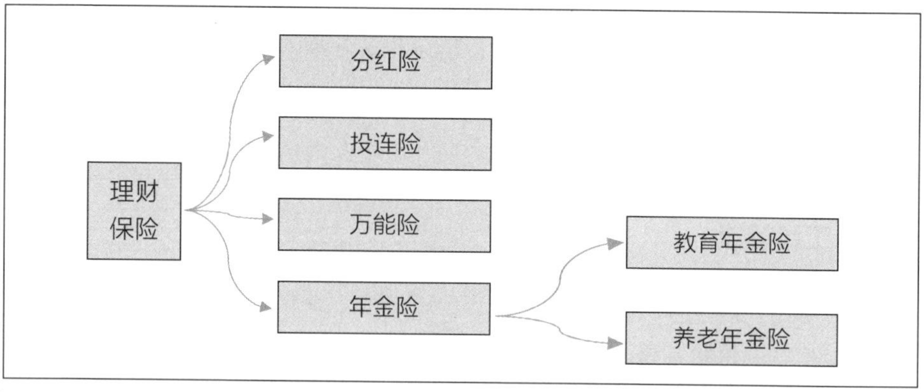

一、分红险及投资攻略

工具概述

分红险指保险公司在每个会计年度结束后，将上一会计年度该类分红保险的可分配盈余，按一定比例，以现金红利或增值红利的方式，分配给客户的一种人寿保险。

工具解读

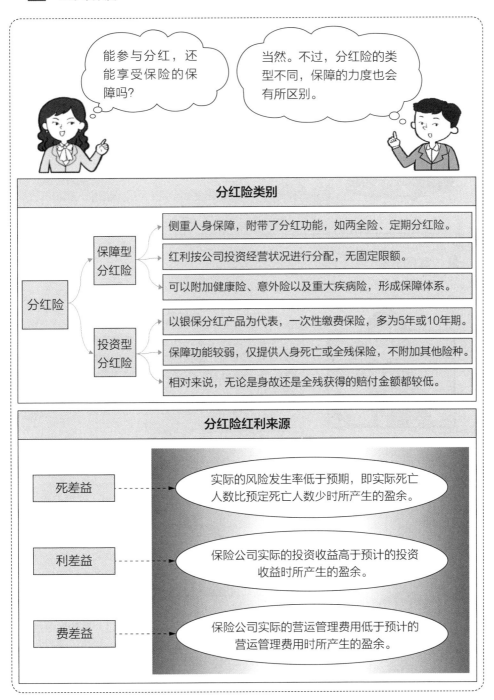

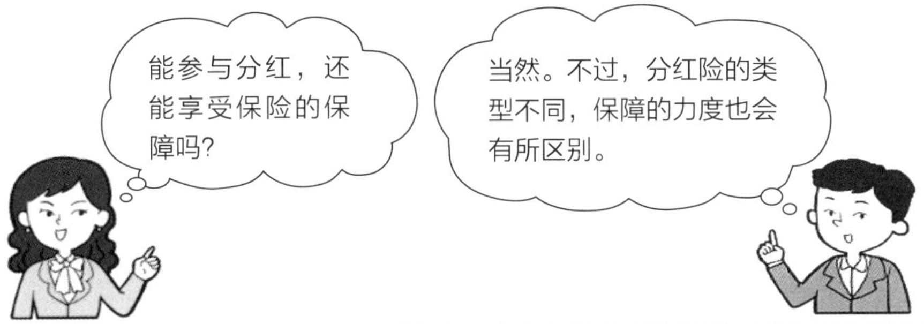

分红险类别

- 分红险
  - 保障型分红险
    - 侧重人身保障，附带了分红功能，如两全险、定期分红险。
    - 红利按公司投资经营状况进行分配，无固定限额。
    - 可以附加健康险、意外险以及重大疾病险，形成保障体系。
  - 投资型分红险
    - 以银保分红产品为代表，一次性缴费保险，多为5年或10年期。
    - 保障功能较弱，仅提供人身死亡或全残保险，不附加其他险种。
    - 相对来说，无论是身故还是全残获得的赔付金额都较低。

分红险红利来源

- 死差益 → 实际的风险发生率低于预期，即实际死亡人数比预定死亡人数少时所产生的盈余。
- 利差益 → 保险公司实际的投资收益高于预计的投资收益时所产生的盈余。
- 费差益 → 保险公司实际的营运管理费用低于预计的营运管理费用时所产生的盈余。

分红险投资技巧

技巧1：确认需求。分红险中保障型与投资型区别非常大，侧重点完全不同。需要根据个人需求进行选择。

技巧2：选好公司。分红险是以保险公司运营产生的利润作为分配基础的。因此，保险公司运营的好坏对最终分红有直接影响。好公司的分红一定优于差公司。

技巧3：确认分配方式。有些分红险采取的是现金分红，有的保险公司采用的是保额分红。可以根据个人需求进行选择。

案例分析

分红险投资案例

小张参加工作不久，收入逐渐获得了稳步提升。当前正处于没有什么负担的阶段。但考虑到之后的结婚、生子等开支，他还是觉得应该提前为未来做一些安排。

既能为当前提供一定保障，又能兼顾未来的投资品种成为其首选目标。

需求解读

基于对小张当前情况以及未来需求的分析可知：

第一，小张需要基于未来需求的投资理财产品。

第二，该产品最好还能具有一定的保障功能，当然，这种保障并不要求太多。

基于小张的实际情况，一款10年期的投资型分红险是较为明智的选择。同时，也可以将每年的分红自动转成保单份额累加。与此同时，还能享受基本的保障。

10年后，可一次性取出本金。不过，**在购买分红险时一定要注意保险合同的约定**。比如，保险费用、分红比例、取款限制等。

二、投连险及投资攻略

工具概述

投连险，即投资连结保险，是保险与投资挂钩的险种。设有保证收益账户、发展账户和基金账户等多个账户。每个账户的投资组合不同，收益率就不同，投资风险也不同。

工具解读

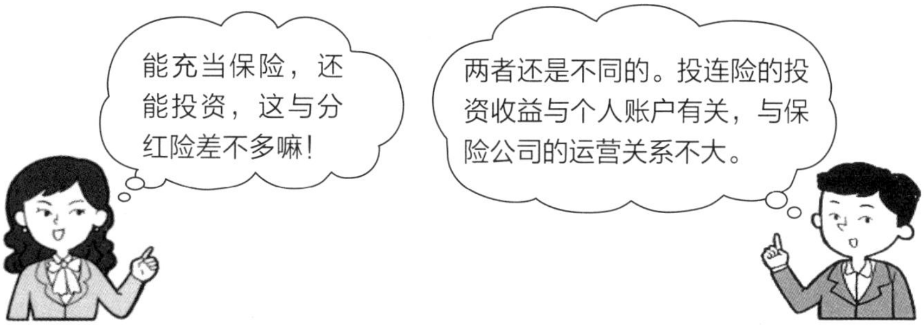

能充当保险，还能投资，这与分红险差不多嘛！
两者还是不同的。投连险的投资收益与个人账户有关，与保险公司的运营关系不大。

投连险的特点

特点	主要内容
投资账户设置	将保费的部分或全部分配进投资账户，并转换为投资单位。
保险责任	投连险作为保险产品，必然会承担一项至多项保险责任。
保险费	投连险的保险费用相对灵活。
费用收取	投连险的费用收取要比其他保险品种更为透明，账户内金额可查。
收益风险大	根据个人风险偏好将资金分布至各个账户，但没有保底，风险较大。

投连险的账户

投连险基本账户

保障收益账户	发展账户	基金账户
采用保守的投资策略。在保证本金安全和流动性的基础上，通过对利率走势的判断，合理安排各类存款的比例和期限，以实现利息收入的最大化。	采用较稳健的投资策略。在保证资产安全的前提下，通过对利率和证券市场的判断，调整资产在不同投资品种上的比例，力求获得资产长期、稳定的增长。	采用较激进的投资策略。通过优化基金指数投资与积极主动投资相结合的方式，力求获得高于基金市场平均收益的增值率，实现资产的快速增值。

投资者可根据个人实际情况、风险偏好，将保险资金分配至三个资金账户。激进投资账户的风险极高（甚至有亏空的可能），但收益可能也最高。
同时，投保人还可以根据自身需要，领取投资账户的现金部分，增加保险的灵活性。

案例分析

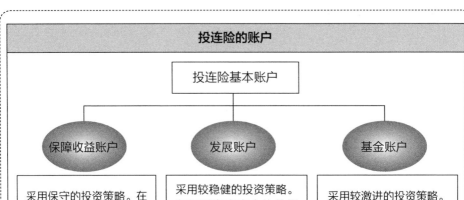

投连险投资案例

宋女士在一家企业担任中层部门经理职务。目前收入较为稳定。家里有一双儿女，为了孩子将来的教育问题，宋女士觉得有必要为孩子们准备一笔教育基金。
由于宋女士目前工作较为稳定，因而能够承受一定的风险。同时，还要满足应急提取需求。

需求解读	基于对宋女士当前情况以及未来需求的分析可知： 第一，宋女士需要一款基于未来子女教育需求的投资理财产品。 第二，该产品最好还能具有一定的保障功能，同时，投资收益也是重点考虑的内容。 第三，宋女士当前工作稳定，能够承受一定的风险。 第四，该产品能够在急需用钱时提取出来一部分。

基于宋女士的实际情况，选择一种投连险就是不错的选择。同时，在资金分配时可以考虑2:4:4的资金分配模式，即保障账户资金分配20%；发展账户资金占比40%；基金账户资金占比40%。

该方案兼顾了追求投资收益，且能够承担一定风险的需求。

三、万能险及投资攻略

工具概述

万能险，本质上是一款“寿”险，也是一种投资型保险。投保人所交的保费，一部分被用作保险扣费；另外一部分则用于投资。万能险的投资账户具有一定的保底功能，兼具储蓄功能。

工具解读

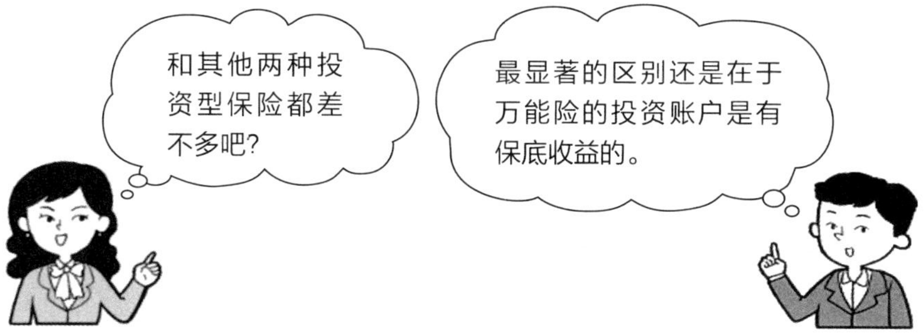
和其他两种投资型保险都差不多吧?
最显著的区别还是在于万能险的投资账户是有保底收益的。

万能险类别

- 万能险
  - 重保障型
    - 保险金额高，前期扣费高，投资账户资金少，前期退保损失大。
    - 投保人大部分保费被用于保险，而且保额倍数很高，比如50倍。
  - 重投资型
    - 保险金额低，首期扣费少，投资账户资金较多，退保损失小。
    - 投保人大部分保费被用于投资，保费占比较少，出险赔付金额低。

万能险的特点

缴费自由

万能险的交费基本上不具备强制性。在支付了初期最低保费之后，就享有追加投资的权利。

费用透明

初始费用、保障成本以及每一笔费用都明明白白地写在保险合同里。

保证收益

一般来说，保险公司在销售万能险时会给投保人承诺最低收益率。

案例分析

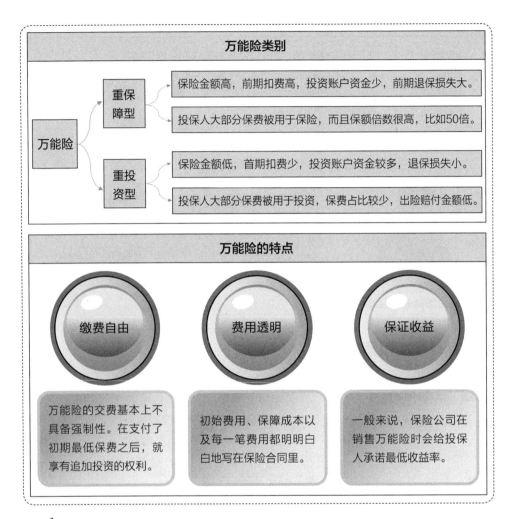

万能险投资案例

梁先生最近将手中一套闲置房产出售后，获得了一笔收入。他想寻找一款保险产品，不仅能够提供保障，又能获得投资收益。同时，梁先生目前已经买有重疾险和医疗险，只是希望这笔钱能够为未来提供养老保障。

需求解读	基于对梁先生当前情况以及未来需求的分析可知： 第一，梁先生需要一款基于未来养老需求的投资理财产品。 第二，该产品最好还能具有一定的保障功能，同时，投资收益也是要重点考虑的内容。 第三，由于该资产未来有养老需求，因此最好以稳定收益为主。

基于梁先生的实际情况，选择一种万能险就是不错的选择。在选择万能险时可以选择偏重投资型的万能险。

该方案中大部分资金将被用于投资，而且还有一定的保底功能，这就基本上可以满足未来养老的需求了。

四、养老年金险及投资攻略

工具概述

养老年金保险属于寿险的一种，也是一种年金保险，是针对有养老需求的投保人设计的年金保险。同时，也是一种可以设计成万能险的保险险种。

工具解读

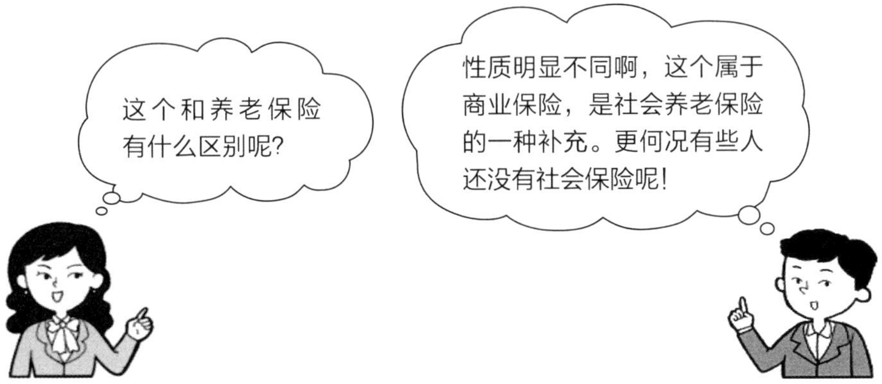

这个和养老保险有什么区别呢?
性质明显不同啊，这个属于商业保险，是社会养老保险的一种补充。更何况有些人还没有社会保险呢!

年金保险	年金保险是指投保人或被保险人一次或按期交纳保险费，保险人以被保险人生存为条件，按年、半年、季或月给付保险金，直至被保险人死亡或保险合同期满。是人身保险的一种，保障被保险人在年老或丧失劳动能力时能获得经济收益。

年金险类别

年金保险

- 终生年金保险：又称养老年金保险，即投保人汇总交付保险费，直到被保险人达到规定退休年龄；保险人对已退休的被保险人按期或一次给付保险金，当被保险人死亡或已一次给付全部保险金，保险终止。
- 定期年金保险：按保险合同规定，投保人或被保险人在合同期内交纳保险费，保险人以被保险人在合同规定的期限内生存为条件，承担给付保险金的责任，规定的期限届满或被保险人死亡，保险终止。
- 联合年金保险：以两人或两人以上的家庭成员为保险对象，投保人或被保险人交付保险费后，保险人以被保险人共同生存为条件给付保险金，若其中一人死亡，保险终止。

养老年金险基本特征

年金受领人在年轻时参加保险，一次性缴费或按月缴纳保险费至退休日止。从达到退休年龄次日开始领取年金，直至死亡。年金受领者可以选择一次性总付或分期给付年金。

一般性约定

- 被保险人从约定养老年龄（比如50周岁或者60周岁）开始领取养老金，可按月领也可按年领，或一次性领取。
- 如果养老金领取一定年限后被保险人仍然生存，保险公司每年给付按一定比例递增的养老金，一直给付，直至被保险人死亡。
- 交费期内因意外伤害事故或因病死亡，保险公司给付死亡保险金，保险合同终止。

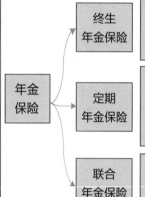

案例分析

养老年金险投资案例

钟先生是一位自由职业者。目前，每年的收入尚可。尽管个人也购买了社会养老保险，但相比较而言，到了退休年龄后，能够领取的养老金并不算高。这让他有了想要增加养老保障的想法。

需求解读	基于对钟先生当前情况以及未来需求的分析可知： 第一，梁先生需要一款基于未来养老需求的投资理财产品。 第二，当前和不远的将来，钟先生的收入都应该是可以的。这就为购买养老年金保险提供了保障。 第三，由于该资产未来有养老需求，因此，最好以稳定收益为主。因此，年金险是不错的选择。

基于钟先生的实际情况，选择一款养老年金保险就是不错的选择。加上目前国家对商业养老保险还有一定的税收优惠。

这也就意味着钟先生购买养老年金保险不仅有利于未来的养老规划，也能减轻当前的税务负担。

五、教育年金险及投资攻略

工具概述

教育年金险是为少年儿童在不同生长阶段的教育需要提供相应的保险金。通过一次性缴费或多次缴费后，被保险人可以在不同学历阶段领取一定数额的教育金，甚至有的保险品种还可以提供毕业后的创业基金等。教育年金险也是一种可以设计成万能险的保险品种。

工具解读

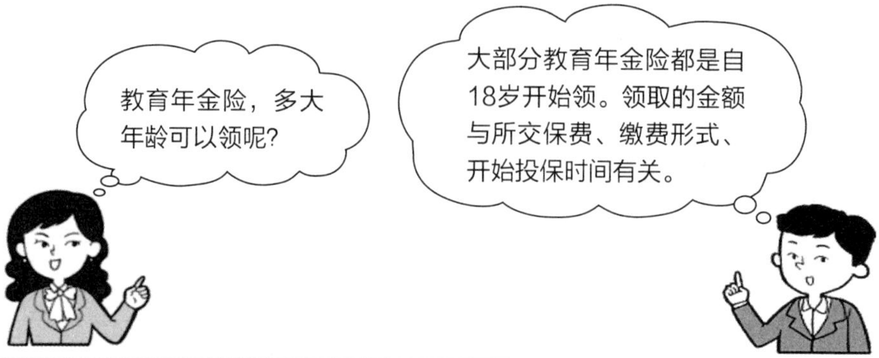

教育年金险，多大年龄可以领呢?
大部分教育年金险都是自18岁开始领。领取的金额与所交保费、缴费形式、开始投保时间有关。

教育年金险类别

教育年金保险

- **非终身教育年金**：特点主要体现在保险金的返还上，这完全是针对少儿的教育阶段而定，通常会在孩子进入高中、进入大学两个重要时间节点开始每年返还资金，到孩子大学毕业或创业阶段再一次性返还一笔费用以及账户价值。
- **终身教育年金**：终身教育年金险可以在孩子小的时候用作教育金，这点与非终身教育年金险类似，但在年老时可以转换为养老金，享受保险公司长期经营成果，保障家庭财富的传承等。

教育年金保险功能

保费豁免功能

一旦投保的家长遭受不幸，身故或者全残，保险公司将豁免所有未交保费，子女还可以继续得到保障和资助。

强制储蓄功能

一旦为孩子建立了教育保险计划，就必须每年存入约定的金额，从而保证这个储蓄计划能够完成。

资金补偿功能

保单期满时（通常为25岁或30岁），可一次性获得保单全部保额（甚至更高）。

理财功能

能够在一定程度上抵御通货膨胀的影响。一般分多次给付，回报期相对较长，收益较为稳定。

案例分析

教育年金险投资案例

李女士想要为自己的儿子准备一笔教育储蓄金。她的想法很简单，就是现在孩子还小，花费较少。每年存一笔2到3万元的教育基金，到他上高中以后，花费多了能够提取出来使用。

某教育年金保险示例

基于对李女士情况的分析，教育年金险就是不错的选择。教育年金险一般要求一次性缴纳或以年交（多为10年期）的形式缴纳。从19岁（或15岁）开始领取，每年领取20%。到25岁或30岁再一次性领取全部保额。

李女士最终购买了某款教育年金险。该款保险保额为10万元。保单约定，每年缴费2.5万元。该款保险的优势在于不仅具有教育储蓄功能，还附加了重疾险保险。连续缴费10年（从0岁开始）后，自15周岁开始领教育基金，每年领取总保额的20%，即2万元，连续领至29周岁。30周岁还可以一次性领取全部保额，即10万元。

第二节　信用卡理财工具

工具概述

信用卡理财是近几年在年轻人当中兴起的一种理财方式。通过合理规划信用卡理财，不仅可以达到增加收益的效果，还能调节消费，帮助持卡人养成合理规划开支的习惯。

工具解读

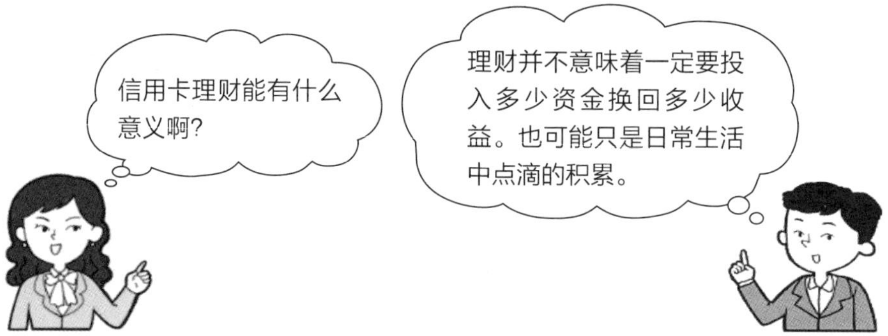

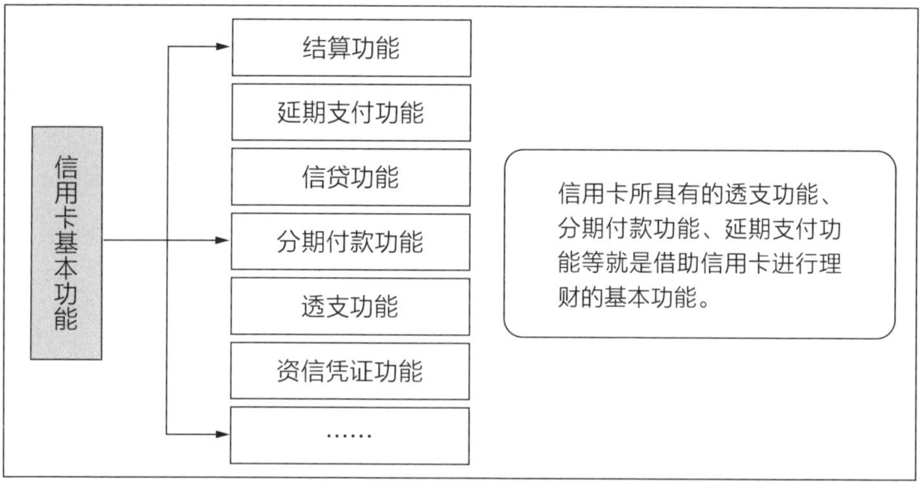

一、免息期规划

工具概述

时间就是金钱。信用卡理财的第一步就是借助其免息期进行合理的财务规划，甚至可以利用这一免息期获得投资收益。

工具解读

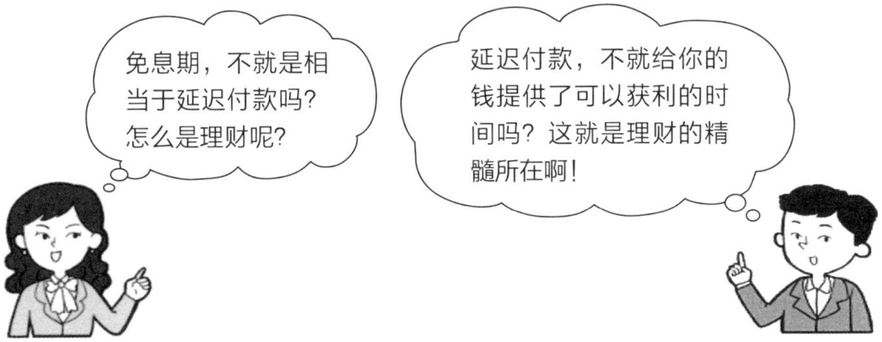
免息期，不就是相当于延迟付款吗？怎么是理财呢？
延迟付款，不就给你的钱提供了可以获利的时间吗？这就是理财的精髓所在啊！

免息期解读	目前，很多银行发行的信用卡免息期都在50天以上，最长的可以达到55天或56天。即消费划卡后，50天才真正需要拿出手中的现金。而这一时间段就是信用卡理财可以规划的时间。

信用卡免息期规划的关键要素

关键要素	信用卡额度	信用卡额度太低，所能透支的额度有限，也就很难达到预期的理财效果。
	信用卡数量不能多	信用卡数量太多，很难照顾得过来，而且也不利于信用卡额度的提升。一般以不超过3张信用卡为宜。
	注意刷卡时间	最长免息期并不是从刷卡时间开始算起的。只有在记账期开始的时候刷卡才能拥有最长的免息期，因此，刷卡时间必须提前规划。

信用卡免息期理财操作策略

操作策略

- 准备两到三张信用卡，并且信用卡的账单日要平均分布在每个月的上旬、中旬与下旬。这样便于每次消费都能够利用信用卡的最长免息期。
- 每次消费时，尽量使用能够获得最长免息期的信用卡，然后在临近还款日时还款。
- 利用刷卡日到还款日之间的时间，将应付未付的现金用于购买一些货币基金理财产品，获得投资收益。

案例分析

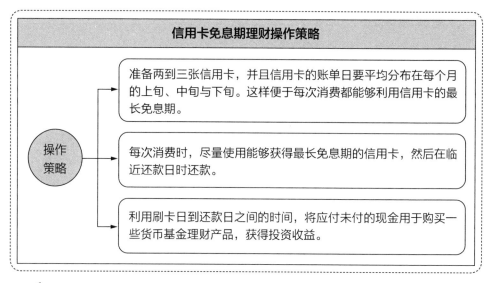

信用卡免息期理财案例

小张是一位年轻人，也是比较喜欢理财的一类人。用他的话说，理财其实是一种信仰，一种生活习惯。信用卡免息期被他应用到了一定水准。

信用卡免息期理财示例

小张手中共有三张信用卡。还款日刚好平均分布在每个月的上旬、中旬和下旬。日常生活消费时，他也是能用信用卡绝不使用现金。而且他还将支付宝的花呗、京东白条等全部纳入了自己的理财规划中。

每个月发完工资后，小张会根据还款日的设置，分批买入货币基金。对于距离还款日超过一个月的资金，小张会直接购买一些30日封闭债券基金，毕竟这类基金的收益要高于普通的货币基金。另外，一些超短债基金也是其选择的标的。这样，通过货币基金、超短债基金和30日封闭债券基金组合，又一次增加了理财收益。

二、薅信用卡的羊毛

工具概述

为了鼓励大家刷信用卡，各家银行也是下了“血本”。比如，刷信用卡可以获得积分，信用卡发卡行与各大商家合作推出刷卡奖励机制，等等。这些都是可以利用的。

工具解读

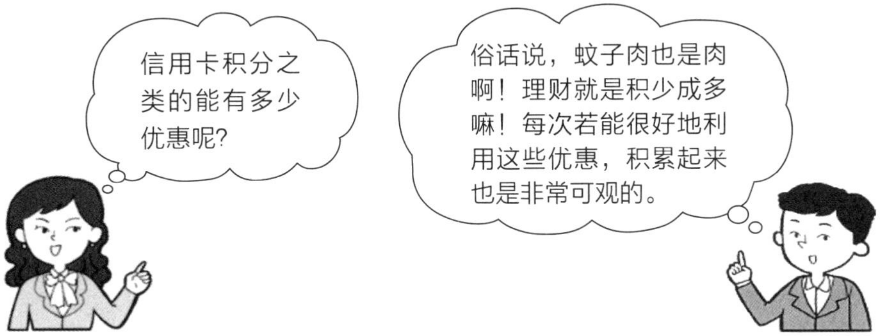

信用卡积分之类的能有多少优惠呢?
俗话说，蚊子肉也是肉啊！理财就是积少成多嘛！每次若能很好地利用这些优惠，积累起来也是非常可观的。

信用卡优惠方式

优惠方式		
优惠方式	积分	刷信用卡是可以获得积分的。这些积分累计到一定程度可以换取各类礼品、航空里程数，甚至直接兑换各类优惠券，乃至现金。
	打折	信用卡发卡行会与一些商场、网上商城等平台推出活动，比如刷卡打折，甚至刷卡达到一定限额后返现金等。
	联名信用卡	发卡行会与一些大型商业机构合作发行联名信用卡。持有这类信用卡在这些商业机构消费，能够获得更多优惠或减免。

优惠解读	通常来说，信用卡发卡行与商业机构的合作所提供的优惠，往往都有固定日期。如每月的几号或者每星期的星期几等，这些都需要持卡人有所了解。

第三节 高端理财工具

工具概述

对于净资产较高的家庭，常规的理财方式也许无法满足其需求。近些年来兴起的一些高端理财方式也是值得考虑的。

工具解读

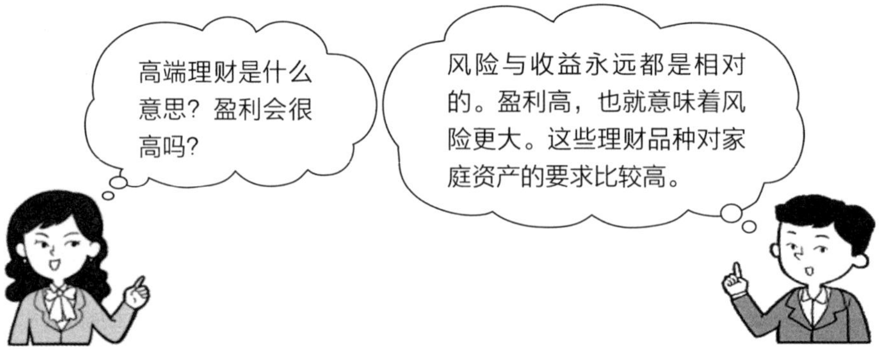

高端理财对参与家庭的要求

基本要求

- 净资产门槛：通常需要300万元起或500万元起。
- 金融理财知识：拥有一定年限的理财知识（2年以上）。
- 抗风险能力：能够抵御一定的风险，承担较大幅度的亏损。

一、私募投资工具

工具概述

私募投资，即私募股权投资，是指通过私募形式对私有企业，即非上市企业进行权益性投资，在交易实施过程中附带考虑了将来的退出机制，即通过上市、并购或管理层回购等方式，出售持股获利。

工具解读

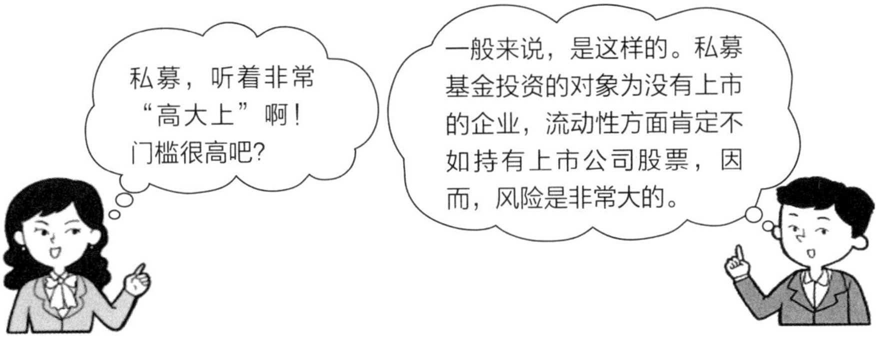

私募，听着非常“高大上”啊！门槛很高吧?
一般来说，是这样的。私募基金投资的对象为没有上市的企业，流动性方面肯定不如持有上市公司股票，因而，风险是非常大的。

股权投资的主要形式

- **风险投资**：将资金投向具有创新性的初创企业。待这些企业上市后退出。（若企业无法上市，则投资面临风险）
- **成长权益**：投资于颇具规模的、相对成熟的企业，帮助其上市。（收益小于风险投资，但风险同样较小）
- **并购权益**：专门进行企业并购的基金，待企业经营稳定后，通过杠杆收购、管理层收购等方式退出。
- **危机投资**：当一些企业经营面临困境，无法偿还债务时，危机投资即购买这些违约债券。企业度过危机后再卖出债券。

私募解读	尽管私募基金是以非上市公司股权为投资对象的基金，但目前也可以投资于中国证券市场上的股票、债券、封闭式基金、央行票据、短期融资权、资产支持证券、金融衍生品以及中国证监会规定的其他投资品种。

案例分析

私募投资理财案例

小宋属于典型的“金领”阶层。年纪轻轻就进入了上市公司管理高层，每年的收入也破了百万元大关。他对于家庭理财开始有了一些新的想法。于是，私募投资基金就进入了其视线。

需求解读

对于有条件的家庭而言，投资私募基金确实是实现财富增值的一个方式。目前，天天基金网、雪球网等都提供了私募基金销售入口。不过，相对于普通股票型基金，私募基金的收益波动更大，也就意味着风险更高。

右图为雪球网【私募中心】所列的最近一年私募基金收益排行榜。从排名情况来看，位居收益前列的私募基金收益在16%到28%之间，比大盘的走势更好。

投资者也可以从其他途径购买私募基金。当然，这些私募基金面临的风险也是非常大的，这都需要投资者事先有所了解。

近1年　近2年　成立以来年化

1	丹书铁券一号 丹书铁券	+28.67% 近一年收益
2	长雪全天候高波 宏观作手	+25.89% 近一年收益
3	量子复利 量子复利王岩	+25.45% 近一年收益
4	上海斯诺波-西岭摩投1号C 杨宝国	+24.19% 近一年收益
5	鸿道创新改革 鸿道投资	+23.76% 近一年收益
6	大禾投资-掘金1年期第2期 大禾投资	+21.21% 近一年收益
7	青侨阳光 青侨阳光	+18.00% 近一年收益
8	华安合鑫大成长一期A 华安合鑫	+16.01% 近一年收益

二、家族信托投资工具

工具概述

家族信托是一种信托机构受个人或家族的委托，代为管理、处置家庭财产的财产管理方式，以实现财富规划及传承目标。

工具解读

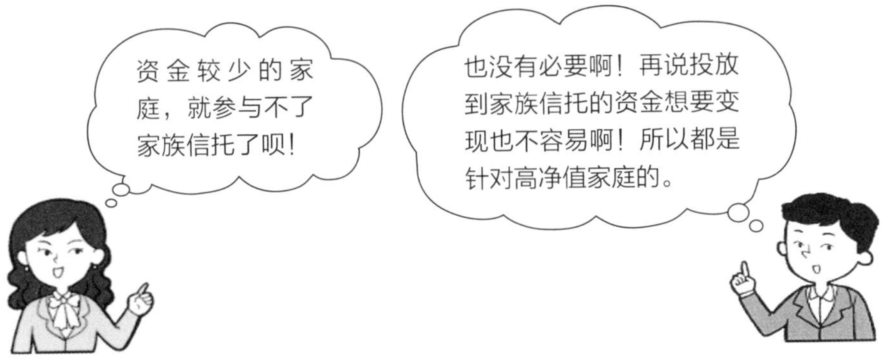
资金较少的家庭，就参与不了家族信托了呗！
也没有必要啊！再说投放到家族信托的资金想要变现也不容易啊！所以都是针对高净值家庭的。

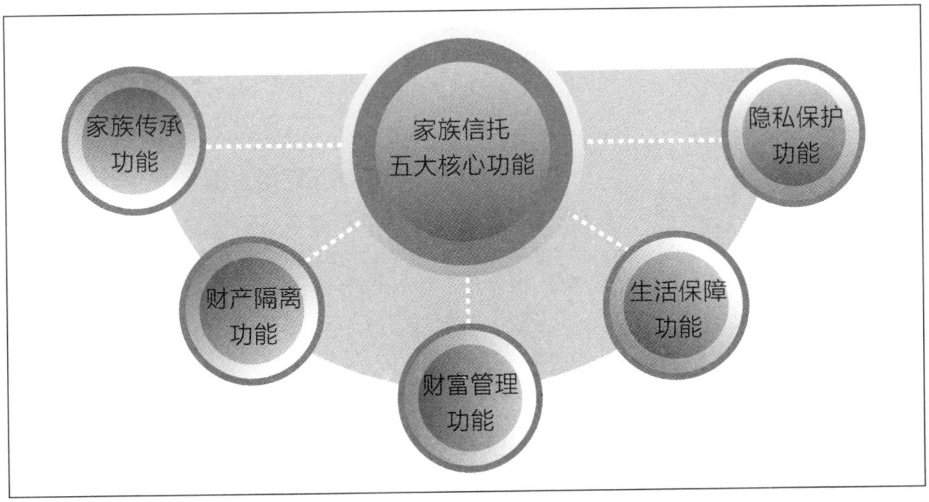
家族信托
五大核心功能
家族传承功能
隐私保护功能
财产隔离功能
生活保障功能
财富管理功能

家族信托	家族信托主要通过独立于委托人、受益人、受托人、诉讼当事人的信托机构，将委托人的财产所有权转移到家族信托，实现信托财产独立。信托合同中可以约定不得用于偿债等具体措施来有效实现家族财富的有效管理。

家族信托产品的类型

- **单一型**：通常由一个委托人设立和管理资产和事务。在这种情况下，委托人通常会指定一名或几名家庭成员作为受益人或代理人来处理相关事务。
- **混合型**：在单一型的基础上，将家族资产划分为多个不同的部分并分别进行管理。该类产品可以为不同需求的客户量身定制相应的解决方案。
- **伞形结构**：包括两个或多个单元，如子单元和母单元。这两个单元共同形成一个整体以实现其目标或者达到某些特定的目的。
- **复合型**：包含以上三种模式的特点，而且还包括多种不同的因素在里面，例如多重税务安排、投资组合优化等。

案例分析

家族信托理财案例

李先生属于典型的中年得子。尽管早年的艰辛创业为其带来了巨额财富，但也极大地透支了身体，留下一身毛病。为了防止孩子过度挥霍资产，能够给子孙留一份家业，李先生不得不提前为家庭资产做安排。

需求解读

李先生的理财要求是能够满足家族资产传承，而且还要防止家庭成员过分挥霍资产。因此，一份带有若干条件设置的家族信托基金就是最好的选择。

家族信托设置要点

- 委托人将家庭财产转移到家族信托进行隔离，子女或孙子女作为受益人且收益权财产设置属于个人财产，而非夫妻共有。
- 分配条件中可以融入委托人的家族精神，通过分配条件设计、激励家族成员，引导家风正向传承。
- 保持对财产的控制力，若儿女不孝则取消其受益人资格。

第六章
家庭理财规划工具

好的规划，是成功的一半！

第一节 家庭理财规划实施工具

工具概述

家庭理财规划，是通过合理规划防范家庭财务风险，实现家庭理财收益最大化，进而实现家庭理财目标的活动。

工具解读

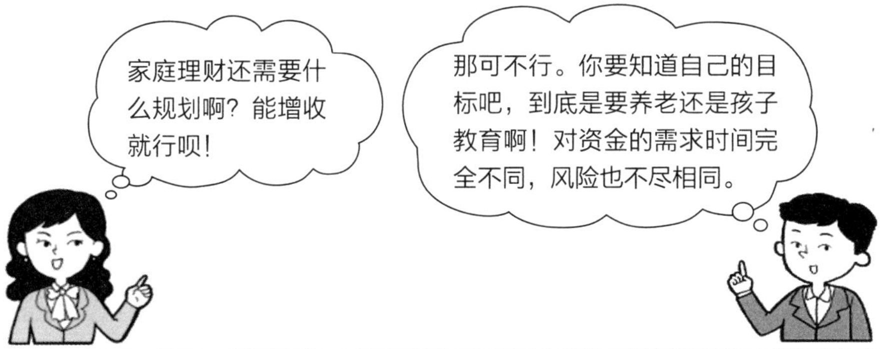

家庭理财规划实施步骤

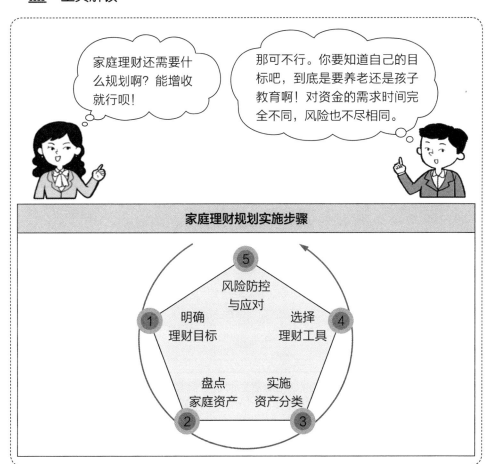

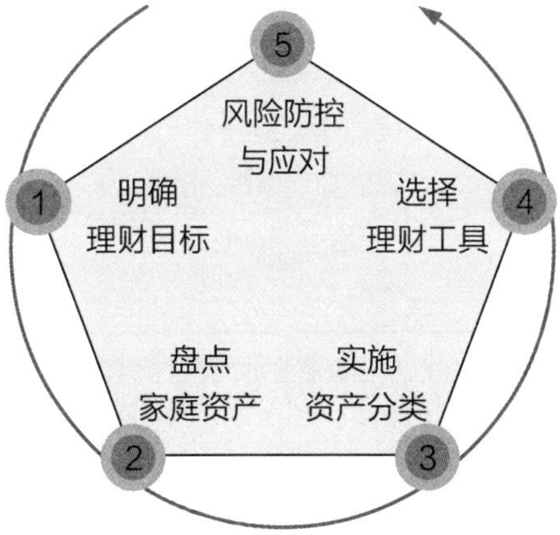

一、明确理财目标

工具概述

对于很多家庭来说，理财的终结目标就是实现财务自由。然而，不同的人对财务自由的理解完全不同。况且这一目标对大多数家庭来说也并不切合实际，因此，为家庭理财制订具体的目标更显得十分必要了。

工具解读

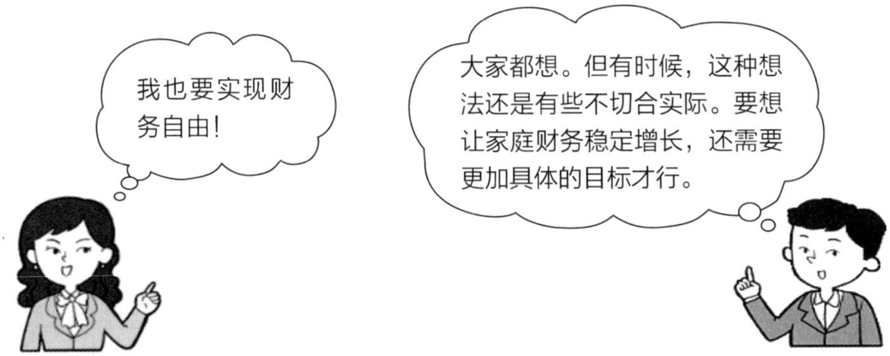

家庭理财的三重目标

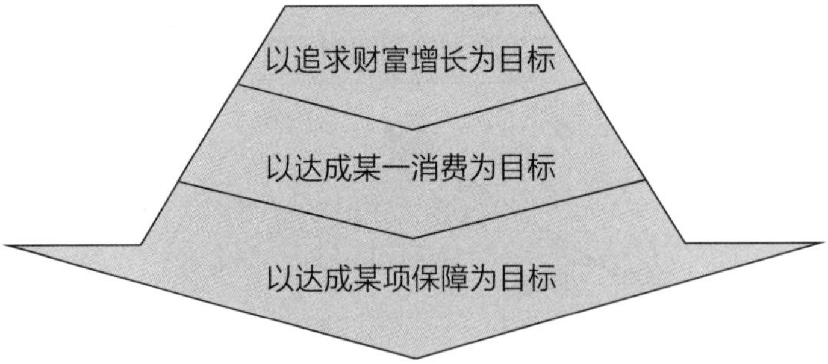

目标解读	不同的家庭以及在家庭生命周期的不同阶段，理财目标可能会有所不同。当然，有时候，一个家庭在同一时间段内，也可能会有两个甚至更多的理财目标。

以追求财富增长为目标

严格来说，家庭理财或多或少都会有更为明确的目标。而单纯地以财富增长为目标的家庭，更多的处于财务不稳定期，甚至无法实现收支平衡或者略有盈余。也就是说，这类家庭并非没有具体的目标，而是目标太多了，无法具体化。

核心诉求

- 资产稳定增长，但不能承受回撤风险。
- 广开源，并尽量节流，增加储蓄资金。
- 积少成多，借助理财工具实现增收。

以达成某一消费为目标

这类家庭往往属于收入尚可的家庭，开始尝试改善生活品质，如购车、买房等。但这类理财需求对时间要求比较严格，一般都不会投资太长时间，这也限制了理财产品的选择。

核心诉求

- 资产稳定增长，能够承受小幅回撤。
- 有清晰的时间规划，希望早日达成目标。
- 以稳定的中低风险理财工具为主。

以达成某项保障为目标

通常来说，这种保障对应的都是很多年以后的需求，比如教育、养老等保障可能都在十年以后。因此，在规划理财产品时，可承受的回撤幅度就会更大一些，毕竟可以用时间来换空间。

核心诉求

- 资产长期稳定增长，可承受短线回调。
- 尝试多种理财产品组合，以期收益最大化。
- 通过组合理财工具，实现风险与收益平衡。

二、盘点家庭资产

工具概述

家庭资产盘点是家庭理财的前提。在开始启动自己的理财计划前，需要对家庭资产情况有所了解。同时，还要清楚未来的收入与开支情况，这都是选择理财工具的前提条件。

工具解读

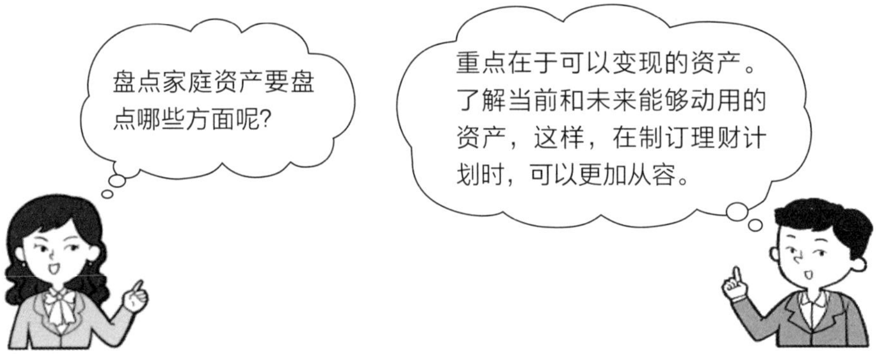

盘点家庭资产要盘点哪些方面呢?
重点在于可以变现的资产。了解当前和未来能够动用的资产，这样，在制订理财计划时，可以更加从容。

盘点家庭资产

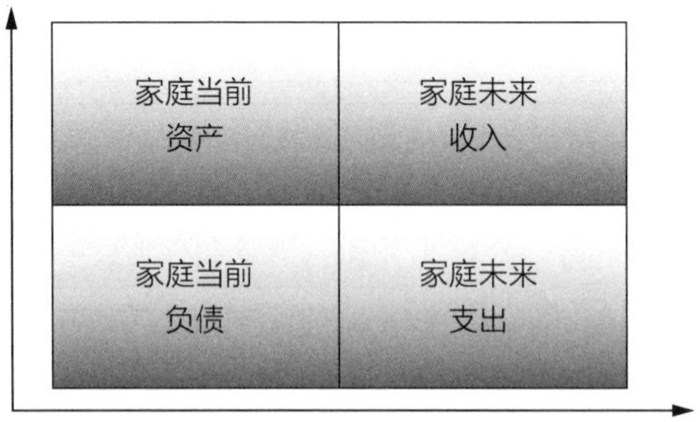

资产解读	关于家庭当前资产的核算是非常重要的内容，有时候不要求特别准确，但要将大项资产纳入统计。对于未来家庭收入与支出则需在扣除日常消费支出外，聚焦于最核心的目标，如购房、买车、教育、医疗、养老等。

家庭当前资产盘点

家庭资产以能够随时变现和未来能够获得持续收入的资产为核心。自住房、自用汽车等只能作为消费品，不能列为资产。相反，一些用于出租的房产、门店则属于典型的资产。

资产
- 现金、银行存款、股票、基金等有价证券。
- 金条、珠宝等贵重且易变现的资产。
- 能够用于出租的房产、车辆等。

家庭当前负债盘点

家庭负债的核算以当前存在的需要家庭负担的负债为核心。包括固定的开支、长期与短期负债等。

负债
- 当前需要偿还的各类借款、贷款等。
- 各类按揭贷款，如房贷、车贷等。
- 每月固定的教育、医疗、养老等支出项目。

家庭未来收入盘点

家庭未来收入包括各类工资收入、理财收入，甚至继承收入等。

收入
- 未来工资收入、租金收入、年终奖等。
- 各类理财收入，主要为固定收益产品。
- 各类非定额收入，如继承收入等。

家庭未来支出盘点

家庭未来支出包括各类日常消费支出、预期大额消费支出以及各类保障性支出等。

支出
- 包括各类日常支出，含养车、养房等。
- 预期购房、教育、医疗等大额支出。
- 未来改善性支出，如购车、旅游等。

三、实施资产分类

工具概述

家庭资产分类，可以通过先前介绍的标准普尔家庭资产四象限图将家庭资产合理分类，以便于进一步采取理财行动。

工具解读

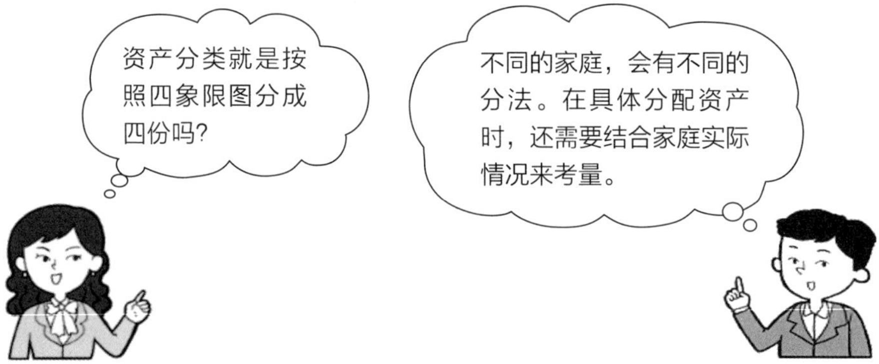

资产分类就是按照四象限图分成四份吗?
不同的家庭，会有不同的分法。在具体分配资产时，还需要结合家庭实际情况来考量。

资产分类的维度

日常支出款项

用于日常消费开支以及购买保险、归还各类贷款的款项。

应急款项

应对突发事件准备的款项。

理财款项

能够用于中长期理财的款项。

资产分类的原则

资产分类的原则

1. 月度流水较高，且能频繁进账的家庭，预留应急款项可以少一些。
2. 可变现资产如黄金等资产较多时，可少留应急款项。
3. 未来支出较高，特别是房贷、车贷较高的家庭，需多留应急款。
4. 预期未来收入较高，且较为稳定时，可减少应急款项的安排。
5. 越是低收入家庭，预留的应急款项占比越要多一些。

资产分类的说明

资产分类的说明

- 整个资产分类与标准普尔四象限图并不一致，但这三个维度已经涵盖了四象限图的基本内容。比如，在日常消费支出维度，将四象限图中必须花的钱和部分应急的钱涵盖在内了。
- 从整个资产分类原则来看，净资产越多的家庭能够用于投资的资金就越多。这也使得很多中低收入家庭的财富与高资产家庭越拉越大。
- 同样是用于理财的钱，家庭收入不同，应急款项储备不同，能够投向的领域也会有所不同。

家庭财产分类，就是确定哪部分资产可以用于进攻，哪部分资产可以用于防守！

四、选择理财工具

工具概述

理财工具，即基金、股票、债券、保险等。每个家庭可以根据家庭资产情况、风险承受能力的不同，选择不同的理财工具，进而在控制理财风险的前提下，实现家庭资产的稳健增长。

工具解读

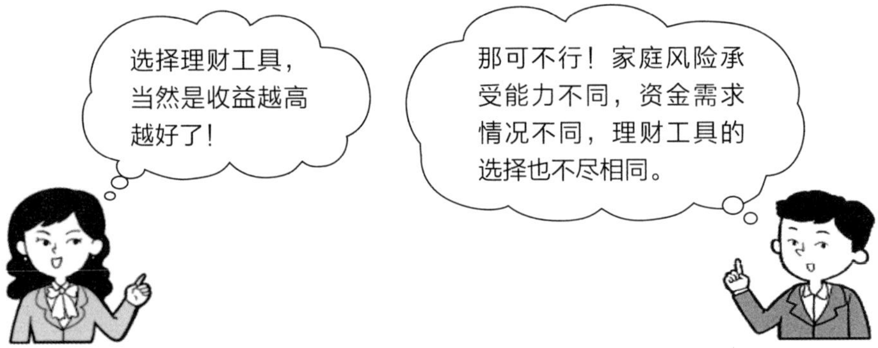
选择理财工具，当然是收益越高越好了！
那可不行！家庭风险承受能力不同，资金需求情况不同，理财工具的选择也不尽相同。

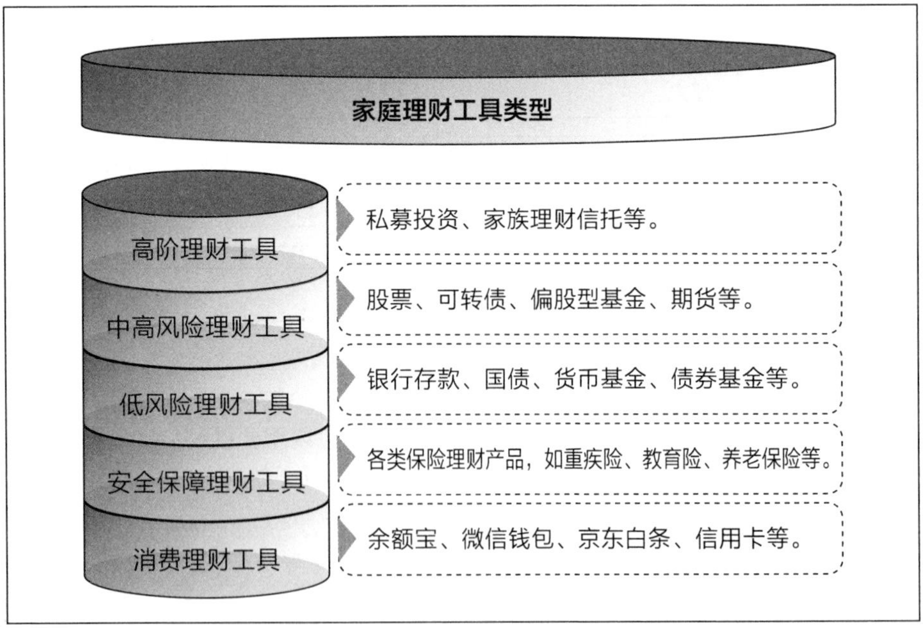
家庭理财工具类型
高阶理财工具
私募投资、家族理财信托等。
中高风险理财工具
股票、可转债、偏股型基金、期货等。
低风险理财工具
银行存款、国债、货币基金、债券基金等。
安全保障理财工具
各类保险理财产品，如重疾险、教育险、养老保险等。
消费理财工具
余额宝、微信钱包、京东白条、信用卡等。

低收入家庭理财工具选择策略

低收入家庭理财的目标在于防控风险的前提下，实现资产的稳定增值。不能承受风险，也就意味着必然要放弃风险过大的理财工具。即使介入高风险理财工具，也必须将比重控制在很小的范围内。

组合策略

- 消费理财工具，尽量开发理财功能。
- 安全保障工具：基础重疾险、意外险（不求增值，但求防御可能的风险）。
- 低风险理财工具（主流选择，尽量多选择一些债券基金等收益稍高的产品）。

中收入家庭理财工具选择策略

中等收入家庭，属于社会中数量最为庞大的一个群体，也是理财工具选择最为多元化的一个群体。有些家庭厌恶风险；有些家庭可接受一定的投资风险。

组合策略

- 消费理财工具，尽量开发理财功能。
- 安全保障工具，需要尽量丰富、齐全：基础重疾险、意外险、教育储蓄、养老储蓄，尽量做到平衡布局。
- 低、中、高风险理财工具平衡布局，但必须控制高风险理财产品的仓位。

高收入家庭理财工具选择策略

高收入家庭的理财更加偏重于资产的稳定增长，同时，家族资产的传承也是预先考虑事项。

组合策略

- 消费理财工具。
- 安全保障工具，更加侧重于教育、养老等长远的保障需求，但基础性重疾险等也会配置齐全。
- 各类风险理财产品都会有所涉猎和配置。各类基金产品也会成为有限配置的对象。
- 有些家庭对私募产品、家族信托产品也会有需求。

五、风险防控与应对

工具概述

家庭理财风险，也是家庭理财不可回避的一个问题。面对不可预知的风险，最好能够提前进行规划，并制订应对方案。

工具解读

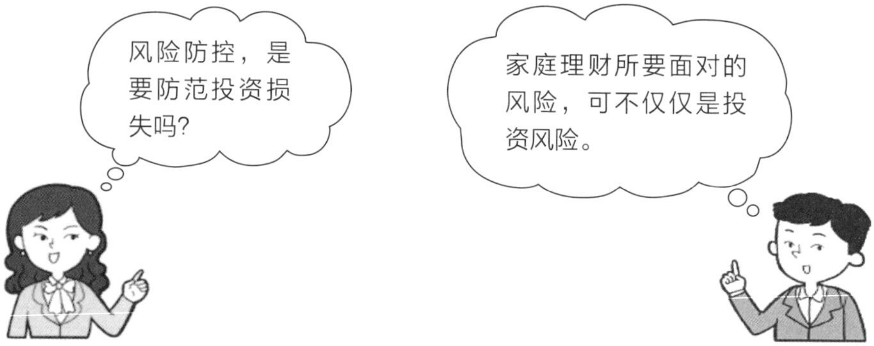

家庭理财的风险来源

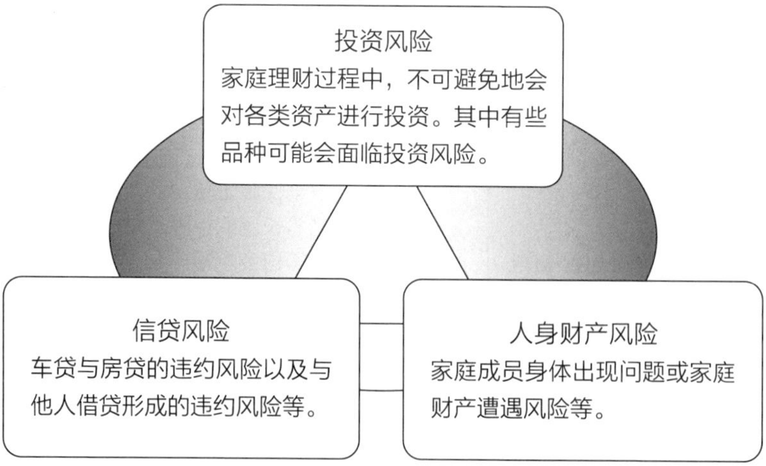

投资风险及应对策略

严格来说，所有的投资都会有风险，只是风险等级不同。收益越高的资产，面临的风险也就越大。特别是投资于股票、偏股型基金、期货等资产，风险更大。

应对策略：

- 根据家庭资产情况，平衡低、中、高风险资产配置，将投资风险平摊。
- 坚持用少量资产投资于高风险高收益资产，并设置止损线。一旦触及止损线立即止损。
- 坚持不熟悉的领域不介入原则。确保所投资的领域是自己熟悉和了解的。
- 特别要警惕代人理财、替人炒股等行为，谨防上当受骗！

信贷风险及应对策略

除了房贷、车贷等月供贷款存在风险外。在家庭生活中，外借的款项或者通过其他途径借入的款项有时也会面临违约风险。

应对策略：

- 建立月供和收支台账，设置提醒功能，提前将所需还款的款项准备好。
- 不要参与民间借贷行为，特别是高息借贷，很容易掉入陷阱。
- 对于亲属的借款行为，也要适当地进行总量控制，以免人财两失。

人身财产风险及应对策略

突发的各类人身财产安全，是对家庭理财最大的打击。家庭成员突发疾病或者财务损失，都可能让家庭理财活动陷入“窘境”。

应对策略：

- 通过组合保险来构筑安全防线。特别需要重疾险、意外险等以小博大险种的配置，让家庭避免遭受较大的损失。
- 建立健全风险防范意识。平时督促家人多运动、多注意保护身体，将疾病消灭在“萌芽”状态。
- 建立家庭风险储备基金，以应对突发的和不可预知的风险。

第二节　综合理财方案设计工具

工具概述

家庭理财是一项系统工程，不可能只采用一项或两项理财工具就可以实现目标。同时，家庭条件不同，理财工具的选择、理财方案的设计也会有所区别。

工具解读

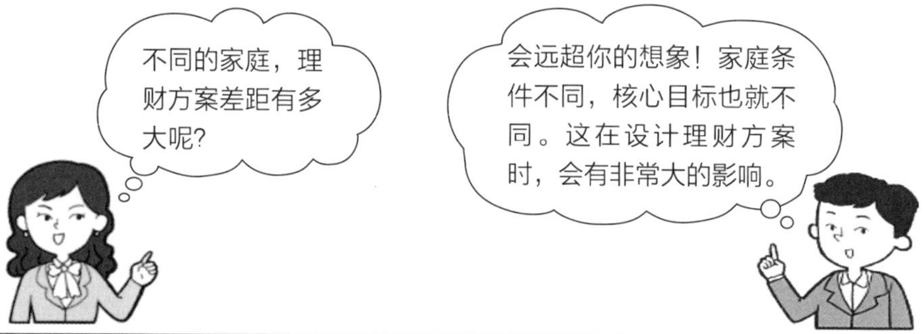

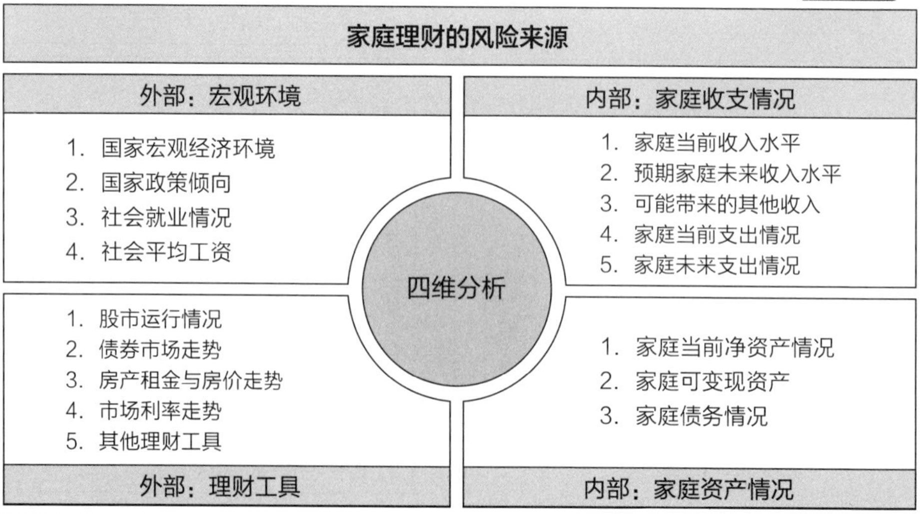

一、五维探测理财工具属性

工具概述

家庭理财规划，本质上就是对各类理财工具进行科学合理的组合，以使其发挥“1+1>2”的功效。因此，在设计规划前，需要对各类理财工具的属性进行分析。

工具解读

理财规划需要考察的五个维度

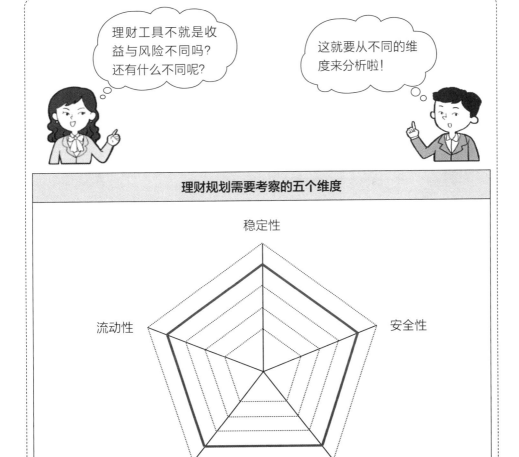

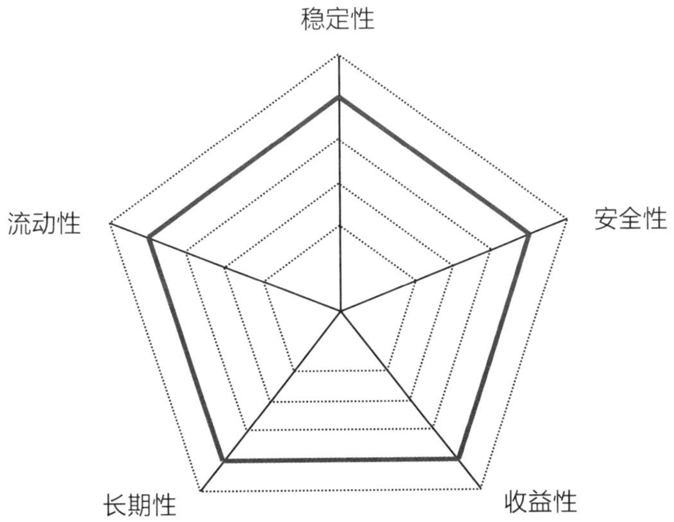

稳定性	即投资收益稳定性。从本质上来说，只要参与投资，就很难保证收益是稳定增长的。区别只在于不同的理财产品，收益波动的幅度不同而已。即使最稳定的银行存款，也存在收益波动。这里的稳定性只是一个相对的概念，即能够获得相对稳定的收益。
安全性	即投资安全性。这是从投资有无亏本，或完全亏本的角度来看的。有些投资可能会让投资者血本无归，这类理财工具的安全性就是比较差的；而另外一些投资理财工具的安全性要好很多，比如银行存款、国债等。 通常来说，家庭资产越少的家庭，对安全性的要求越高，因为无法对抗资产减少的损失。
收益性	这是从理财工具所能获得的预期收益来评估的。有些理财工具理论上能够获得相当高的收益，如股票、期货、基金等；有些理财工具的收益恐怕永远也达不到这个高度。 当然，这个收益都是从理论上或预期来看的。实际上并不一定能够达到，而且还可能面临较大的风险。
长期性	即能够在相当长时间内保持一定的收益率水平。有些收益较为稳定的理财工具，也无法保证在几年后还能够维持较高的收益。特别是一些与利率挂钩的理财产品，更可能会随着利率的下行而下跌。
流动性	家庭生活中不可避免地会遇到一些急用钱的情况，这就需要所投资的资产能够及时变现。而且在变现过程中，不能出现较大的折扣或损失。

二、中低收入家庭理财规划

工具概述

目前，中低收入家庭的占比还是很高的。保持稳定增长的财务状况，并努力跨入中等收入家庭行列，是该类家庭最主要的目标。

工具解读

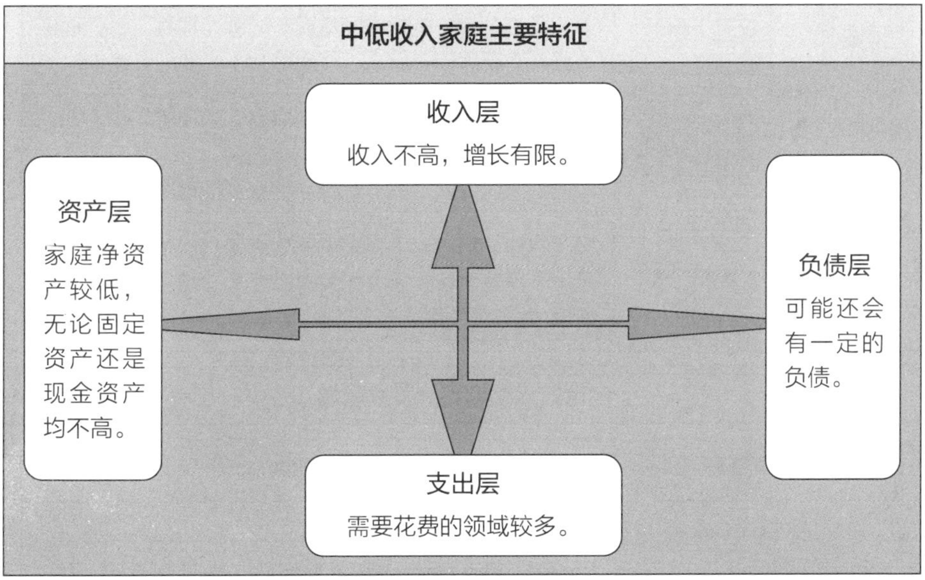

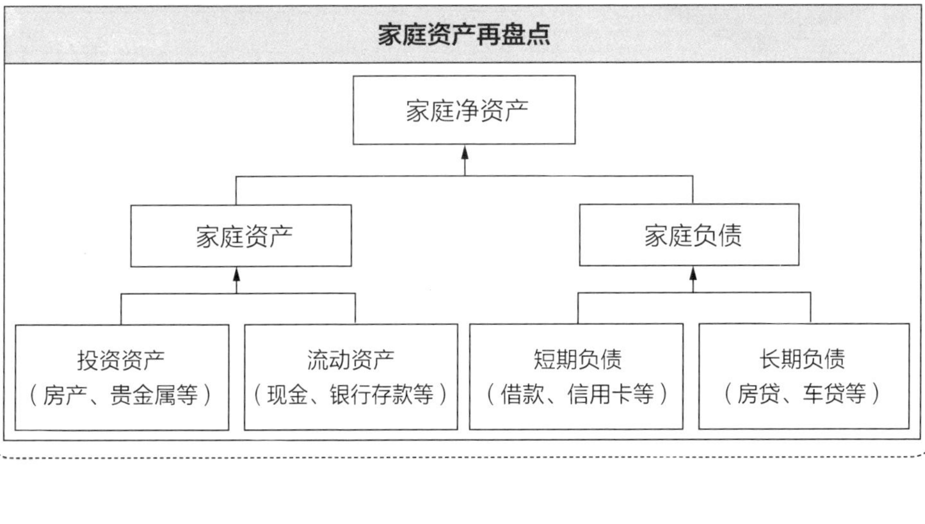

中低收入家庭重点关注领域

核心领域

领域	内容
债务	现代家庭有债务是一种正常现象，比如房贷、车贷、消费贷等。关键是要建立一种债务履约的机制，确保家庭有能力定期足额还款。
收支平衡	开源是家庭理财的核心环节，也是解决家庭财务困难的根本之道。因此，开拓增收项目，特别是一些副业，都是可以选择的方向。
	节流是家庭理财的重要一环。在收入无法增加的前提下，节约开支，就是为家庭资产“添砖加瓦”。在确保家庭基本开支的基础上，尽量减少不必要的开支。
	通过调整开源与节流，实现家庭财务的动态收支平衡，也是中低收入家庭理财的“重中之重”。只有不再产生新的债务，理财才会开始推动家庭资产有序增长。
风险	风险是影响家庭财务增长的重要因素。很多家庭返贫都是源于家庭风险。因此，建立家庭风险防控机制，也是家庭理财的重点。

中低收入家庭理财重点领域

理财方向	核心理财内容
稳健理财	若有闲钱，也应避免参与高风险理财项目，优先选择低风险理财。
消费理财	合理利用信用卡、余额宝等消费理财工具，增加收入。
风险保障	在基本的养老、医疗社保基础上，至少覆盖重疾险、意外险等品种。
家庭收支台账	将家庭收入与支出情况详细记录，有利于养成良好的消费习惯。
副业增收	找寻符合家庭成员的副业项目，如自媒体项目等。

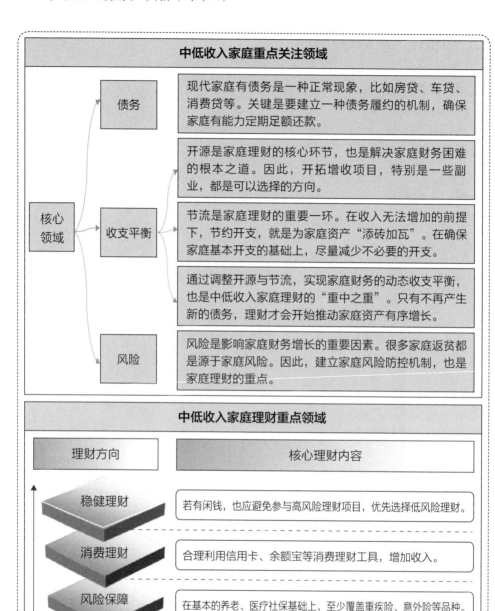

案例分析

中低收入家庭理财规划

小张两年前刚刚结婚，最近有要孩子的想法，但家庭收支情况让他对养育孩子有些担忧。

家庭基本情况

小张夫妻生活在一个二线省会城市。小张在一家科技企业上班，年收入在10万元左右；其爱人在社区工作，年收入6万元左右。目前的工作状态是，小张常常需要加班，而其爱人的工作时间相对稳定，大部分时间都能准时下班。

两人平时没有节俭的习惯，基本上属于月光族。结婚时，双方家长提供了大约30万元的家庭启动资金，被他们用来购置了一套住房，目前，每月大约需要还3000元房贷。小张开一辆价值10万元左右的汽车。小张手中偶尔有点儿闲钱，喜欢炒炒股，但亏损居多。除了单位交的五险一金外，基本没有额外购买过保险产品。

基本情况分析

通过对小张夫妻家庭财务情况的分析可知：

第一，两人目前财务状况尚可，之所以没有太多存款，与两人的消费和理财习惯直接相关。消费习惯的修正是一个方向。

第二，只要采取合理的理财规划，该家庭的资产会得到很大的提升。

具体理财规划方向

理财目标	改善家庭财务状况，合理压缩家庭开支，优化家庭理财结构。
理财方向一	通过建立家庭收支台账，约束消费行为，制订每一月度的压缩计划。
理财方向二	“以小博大”。增加基础保险项目（重疾险、意外险），构建家庭保障体系。
理财方向三	鉴于小张夫妻平时的消费习惯很难一次性改进，可以考虑构建一个月度存款计划，逐渐养成储蓄的习惯。开始阶段每月的储蓄金额可以低一点儿，关键是要养成一种习惯。
理财方向四	若在满足上述几个方向后还能有一些余钱，可考虑购置一些稳健理财产品，如债券基金、“固收+”产品等。

三、中高收入家庭理财规划

工具概述

随着我国经济的发展，中高收入家庭的占比越来越高。这部分家庭对理财的需求也更高，对理财工具种类的需求也更多。

工具解读

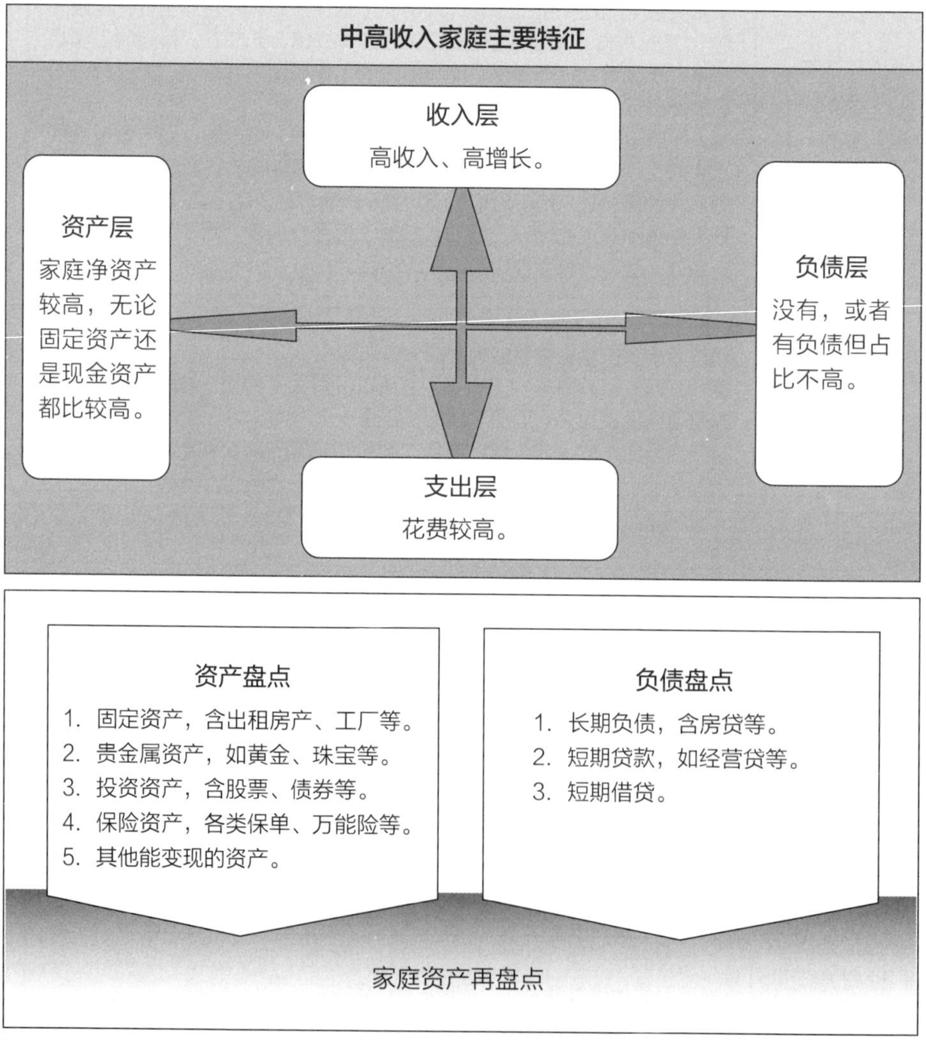

中高收入家庭理财重点关注领域

核心领域

- 未来保障
  - 未来子女教育、家人养老保障是这类家庭优先关注的领域。也就是说，通过长期的投资计划或保险计划来完善未来的保障，是其理财规划的核心环节。
- 资产保值与增值
  - 资产的保值与增值，也是这类家庭关注的重点。在投资领域将会更加多元化。在追求收益的同时，也会合理控制风险。
  - 善于借助外部资源来实现资产增值，也是一个特点。这类家庭可能寻求通过基金公司、理财顾问，甚至私募公司、信托公司来帮助打理资产。
  - 风险控制。这类家庭具备较强的抗风险能力，因而，在选择理财工具时，也会布局一部分高风险、高收益品种。
- 资产传承
  - 资产传承是部分高净值资产家庭考虑的事项。因此，一些家族信托产品会成为其选项。

中高收入家庭理财重点领域

理财方向	核心理财内容
资产传承	家庭财产较为丰厚时，可能会考虑通过家族信托来传承资产。
进取型理财	积极通过各类理财工具，增加理财收入。
养老保障	在基本的养老保险基础上，增加年金险或额外的养老保险计划。
教育储蓄	为子女建教育储蓄金账户，可以通过保险、银行存款、基金等实现。
家庭保险	构建符合家庭成员需求的保险体系，考虑加入万能险等品种。

案例分析

中高收入家庭理财规划

宋林的家庭属于典型的中高资产家庭。家里资产超过1000万元，但用他自己的话来说，仍不能确保自己以及子女以后的生活，还需要对家里的资产进行一番规划。

家庭基本情况	宋林夫妻生活在一个一线城市，有一儿一女。自己的住房价格超过800万元。目前两人年收入总额超过50万元。也就是说，所谓家庭资产更多的体现在住房方面。当然，由于其住房的贷款早已还完，这笔资产已成为确确实实的资产，不掺杂任何负债。 除了房产之外，家里还有两辆汽车，分别为10万元和30万元。家里购置了一部分商业保险，主要为寿险、重疾险。 在投资理财方面，宋林也是比较在意的。之前断断续续地购置了一些指数型基金和股票，但因为被套于高位而被迫止损割肉了，因此不再敢进入股市了。现在的资产配置主要在货币基金方面。
基本情况分析	通过对宋林夫妻家庭财务情况的分析可知： 第一，两人目前财务状况非常不错。尽管住房无法作为投资资产来获得投资收益，但这部分资产仍将为家庭理财以及各类理财风险提供强大的对冲功能。 第二，家里资产很多，但收益仍旧偏低。

具体理财规划方向

理财目标	通过合理的理财规划，实现家庭财富的稳定、快速增长。
理财方向一	重新梳理保险产品，引入一些具有保障与投资功能的产品，如万能险。建立教育保险、养老保险体系，以及各类保险产品，占家庭资产的20%。
理财方向二	鉴于家庭收入较高，预留的备用金无须过多，只需流动资产的10%左右存入货币基金即可（既可保证应急需要，又能获得利息收入）。
理财方向三	鉴于宋林对高风险理财产品有过失败的尝试经历，可以将主力资产配置按照“固收+”产品设计，即将大部分资产配置在固收收益的国债、信用债领域，再搭配少部分的股票型或偏股型基金。（占比40%）
理财方向四	若不善于运作高风险投资品种，选择指数型基金或一些优秀投资机构发行的理财产品也是不错的选择。当然，投资必须从长线考虑，而非短线投机。一些短线超跌的超级绩优股，也是长线投资的选择。

四、基于保本增值的家庭理财规划

工具概述

在理财的问题上，很多家庭仍旧持有明确的保守立场，即在设计理财规划时，希望能尽量控制亏损，甚至不亏损，以期实现资产的保值与增值。

工具解读

保本增值家庭主要特征

家庭保障不足

家庭保障体系建设不完善，保障吃力。

风险承受能力弱

对于风险充满恐惧，不愿意让资金承受风险。为了避免高风险，不愿意尝试高收益品种。

未来资金需求大

未来对家庭资产需求量较大，使其不敢承担任何风险。

保本增值家庭核心投资策略

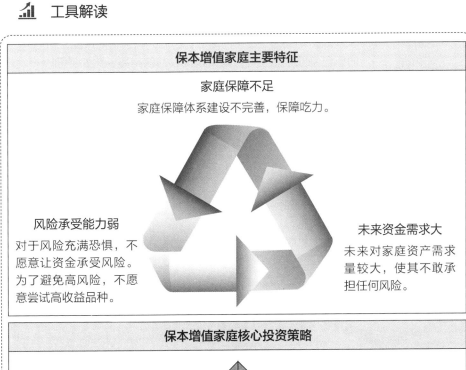

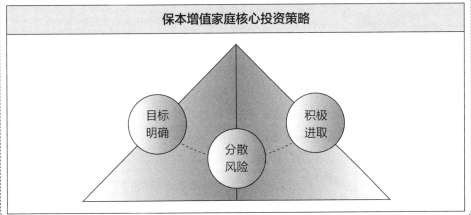

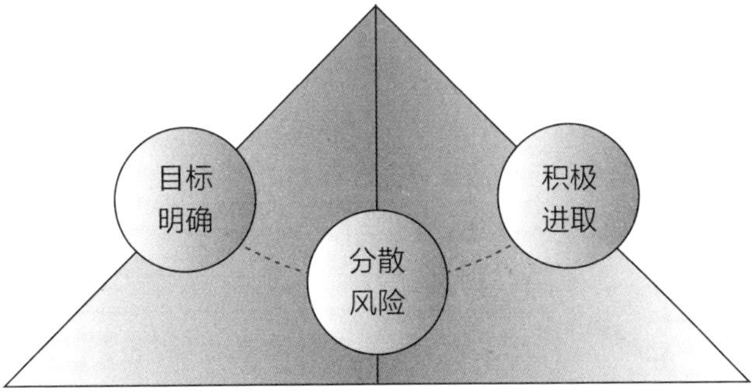

目标明确	在设计理财方案时，需要明确当前或者最近一段时间内的理财目标。在设定目标时，甚至可以明确到几年内资产取得多少百分比的增长以及能够承受的亏损幅度。当然，若目标增长率较低，几乎也就相当于不愿意承担亏损了。
分散风险	为了确保资产的稳定增值，需要将资产分散投资。从理论上来说，几乎任何投资项目都会有风险，因此，将风险分散，就是一个明智的选择。国债产品、信用债产品以及万能险产品等都可以作为选择的对象。
积极进取	家庭理财就是为了资产的增值。因此，有合适的产品、恰当的时机还是要捕捉一些可能带来高收益的产品，比如“固收+”产品就可以列为选择的方向。当然，投资者也可以根据“固收+”布局的原则，设计专属于自己的“固收+”产品。

保本增值家庭资产配置方案

整体思路	尽量减少风险因素，宁可牺牲获得高收益的机会，也要保证资产的稳定性。从投资风格上来看，这属于典型的保守型理财风格。因此，在资产配置时，防范风险与稳定增值类资产将会成为首选标的。

理财方向	核心理财内容
进取理财	可以配置一定的“固收+”产品或少量股票资产，即使亏损，也不会影响整个资产的安全。
核心理财	以大额存单、国债、债券型基金为资产的核心组成部分。
黄金投资	为对抗通胀，长期配置一定的黄金资产有利于整个资产的保值。
保险理财	参与保险理财品种，如万能险、养老年金或教育年金等。
风险保障	在基本的养老、医疗社保基础上，至少覆盖重疾险、意外险等品种。

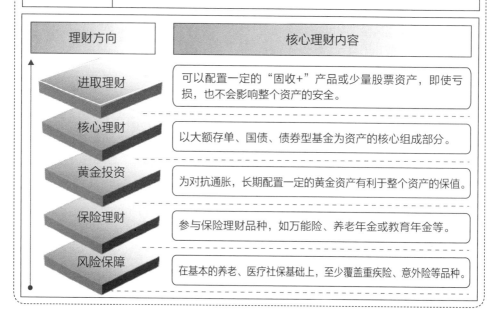

案例分析

保本增值家庭理财规划

杨帆考上了大学，毕业后就留在了市里。目前收入不菲，但压力较大。在整体家庭理财方面，偏向采用保守型策略，尽量不让自己犯错误。

家庭基本情况	杨帆在职场上属于企业的中坚力量，年薪30万元左右，他太太是全职主妇，在家负责照顾一双儿女。用杨帆自己的话说，现在是典型的上有老、下有小的年龄，自己是家庭的顶梁柱。尽管经过多年拼搏，家里也小有积蓄，但缺乏足够的安全感。特别是想到自己的孩子以后要读大学，供完孩子后，自己也面临退休，有了养老需求。这些都是大笔开支，而且资产的多少会对教育、养老的质量产生极大的影响。 正因如此，在规划理财方案时，杨帆十分保守。从他的角度来看，当前收入还可以，假以时日，自己的理财目标还是能够实现的。
基本情况分析	通过对杨帆家庭财务情况的分析可知： 第一，鉴于杨帆的收入水平尚可，不愿意选择冒险的理财方式，主要还是他主观上排斥风险，害怕亏损。只要运作得当，他其实也不会反对更为合理的理财规划。 第二，只要采取合理的理财规划，该家庭的资产是可以在实现保本的基础上稳步增加的。

具体理财规划方向

理财目标	通过合理规划，满足未来养老与教育的需求。
理财方向一	重新梳理保险产品，引入一些具有保障与投资功能的产品，如寿险（一些保险公司的“顶梁柱”系列险需要配置）、万能险。建立教育保险、养老保险体系，以及各类保险产品，占家庭资产的30%。
理财方向二	以应急和日常消费为主体的备用金（15%）。该部分资金按50:50分配给货币型基金（随时取用）和超短债基金（灵活取用，需两到三个工作日到账）。
理财方向三	低风险理财产品是整个理财计划的核心，占比在40%左右。投资项目可以分散一些，分别配置国债、信用债、大额存单（金额够大，可以和银行申请较高的利率）等。
理财方向四	中低风险产品也可以少量配置，占比一般不超过15%。这部分资产出现亏损，也不会让整体资产的本金出现损失。投资标的以可转债基金、“固收+”产品为宜。若大部分资产配置债券，也可以选择5%资产投资股票。

五、基于快速增值前景的理财规划

工具概述

有些家庭希望能够通过理财获得较为丰厚的回报，并实现家庭资产的快速增加。

工具解读

快速增值家庭主要特征

家庭保障到位

家庭保障比较全面，短期内资金需求不大。

风险承受能力强

对于可能的风险有较强的承受能力，无论是现实中的风险，还是主观的风险意识。

未来资金需求小

未来对家庭资产需求量不大，使其能够承受一定的风险。

快速增值家庭核心投资策略

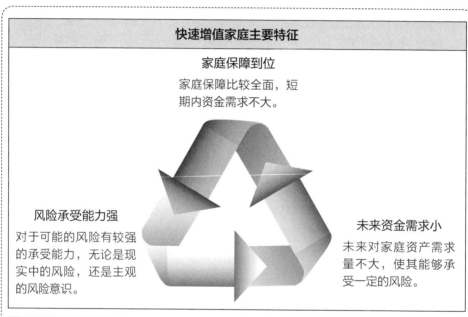

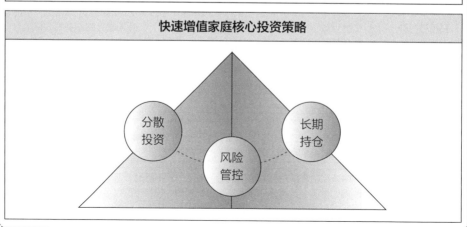

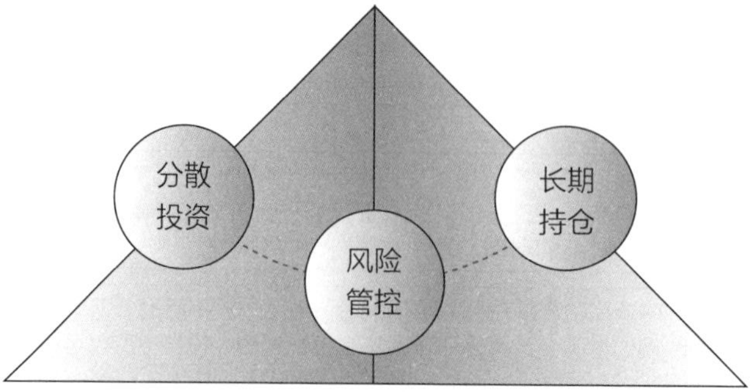

分散投资	要想让资产实现快速增值，必然要将资产投向风险较高的理财项目。由于这些项目风险较大，因此分散投资，将鸡蛋不放在同一篮子里是必然的选择。
风险管控	资产增值的基础是不能出现大幅亏损。当然，这并不意味着不能有亏损。只要将投资标的锁定到高收益品种，那么，风险就是不可避免的。因此，必须从整体上和单独投资品种两方面构建风险防控机制。
长期持仓	以时间换空间，是这一投资理财规划目标得以实现的保证。高风险品种，往往意味着短期内可能会出现较大的波动，而将时间拉长，这些波动或者说亏损是完全可以抹平的。因此，长期持仓也是该理财规划目标实现的保障。

快速增值家庭资产配置方案

整体思路	为了能够实现家庭资产的快速增值，愿意或者说能够承受一定的风险和损失，是该类家庭理财的主要特点。因此，在设计理财规划方案时，必然会增加高风险高收益理财品种。

理财方向	核心理财内容
高阶理财	部分资金可借助私募理财来谋求更高的收入。当然，这部分资产在家庭资产中所占的比例不能过高。
高收益品种	通过股票、偏股型基金、指数型基金等组合操作来降低风险。
稳定收益	家庭资产中需要一部分资产稳固基本盘，可买入国债、信用债等。
保险理财	可参与一定的保险，如寿险、万能险等。
应急储备	部分资金留作应急储备，并存入货币基金或买入超短债基金。

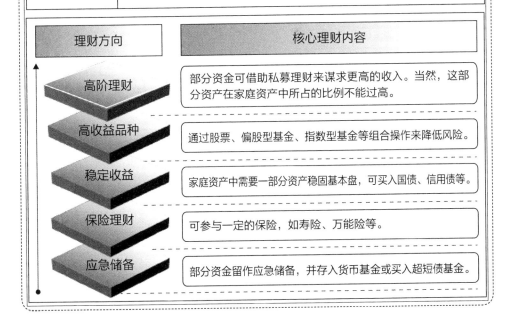

案例分析

快速增值家庭理财规划

何仲平从985大学毕业后进入“大厂”成为新一代“码农”。在同期毕业的同学中，收入已经属于靠前位置了。但他还想通过家庭理财让资产快速增加。

家庭基本情况	从收入来说，何仲平每年都有大几十万元的收入，能够确保家庭成员衣食无忧。也正因如此，让其在投资理财过程中，能够承受一定的风险。用他的话来说：“大不了，重头再来！”毕竟他每年都有较高的收入。 结婚后，加上他爱人的收入，家庭年入百万元以上。夫妻二人有为孩子提供更加优质教育的打算，希望能够通过家庭理财为孩子准备一笔将来的创业金，甚至还有一笔不小的“财富”。
基本情况分析	通过对何仲平家庭财务情况的分析可知： 第一，何仲平的收入水平非常不错，且已经进入了较高收入的阶层，对家庭资产的快速增长还有进一步的期待。同时，家庭风险承受能力相对较强，能够承担投资过程中可能遇到的各类风险。 第二，通过采取合理的理财规划，分散投资多项风险资产，还是有望实现家庭资产快速增长的。

具体理财规划方向

理财目标	通过合理规划，满足家庭资产快速增长的需求。
理财方向一	尽管目前收入可观，但保障仍是不可或缺的。重新梳理保险产品，加大寿险、重疾险等保险保障力度。同时，借助养老、教育保险年金计划，保障未来的需求。这部分资产占家庭资产的20%左右。
理财方向二	以应急和日常消费为主体的备用金（10%）。该部分资金按50:50分配给货币型基金（随时取用）和超短债基金（灵活取用，需两到三个工作日到账）。
理财方向三	中高风险理财产品，是整个理财计划的核心，占比在40%左右。投资项目可以分散一些，分别配置国债、债券型基金、灵活配置型基金、可转债基金、指数型基金等项目，具体资金分布要结合市场环境而定。
理财方向四	高风险理财产品，是家庭资产能够实现快速增长的关键，占比在30%左右。当然，也可能会给家庭资产带来较大的损失。主要投资于股票型基金、股票、外汇、私募基金，甚至可以少量参与期货交易。

六、基于子女教育的理财规划

工具概述

对子女教育的投入，一直是家庭重要的支出方向。而且，未来对子女教育的投入只会增加，不会减少。这就需要很多家庭提前进行理财规划，准备教育费用。

工具解读

教育理财典型特征

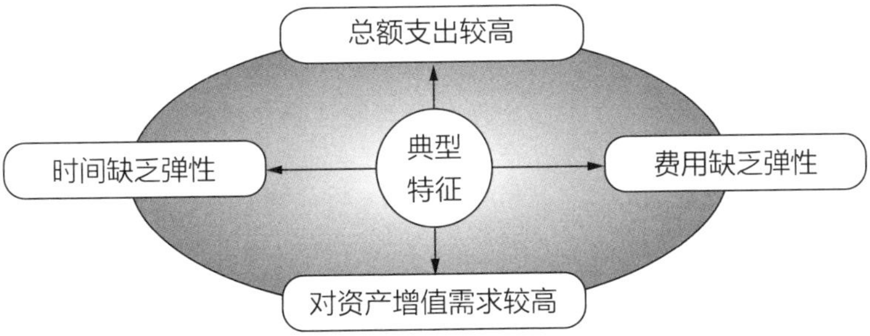

教育理财核心策略

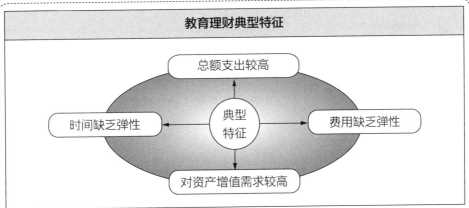

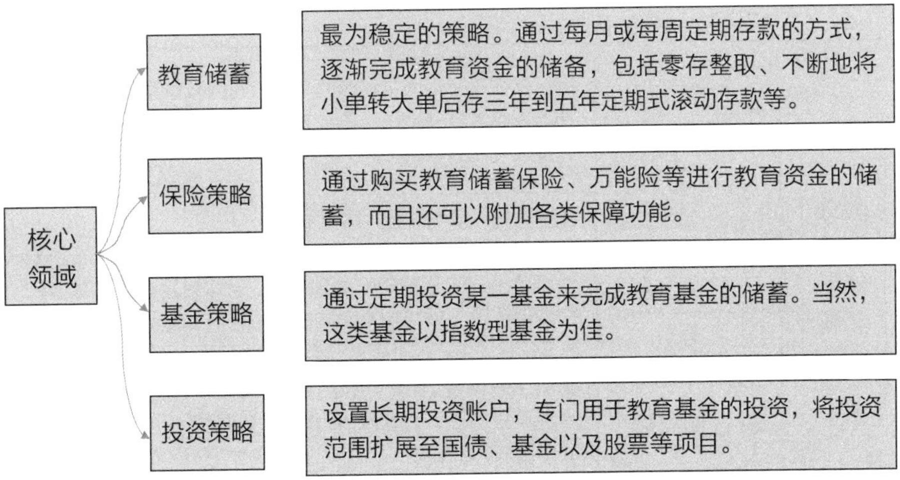

教育理财规划三部曲

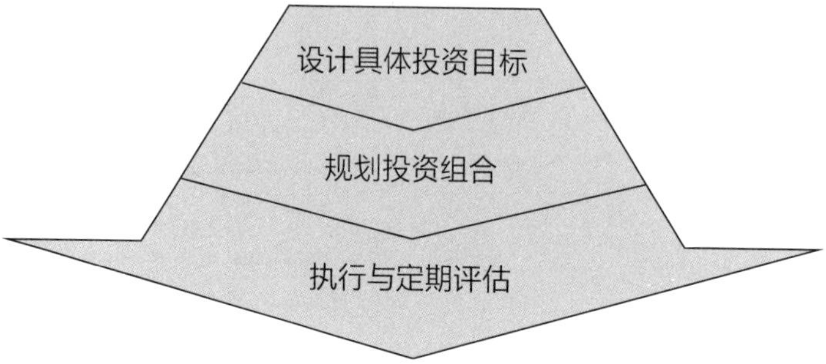

案例分析

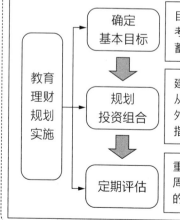

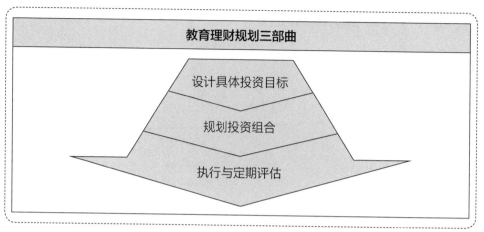

子女教育理财规划

小何前两年刚结婚，最近家里又添了一个儿子。在开心的同时，也多了一份责任。当前教育费用较高，这让他不得不为孩子的教育提前规划。

基本情况分析

小何家境尚可，夫妻二人每月工资收入大约有2万元左右。父母都有退休工资，还能帮忙带带孩子，甚至补贴一些家用。现在每月需要还房贷5000元左右，月度生活费用支出在8000元左右。

教育理财规划实施

确定基本目标

目标是在孩子上大学时准备100万元的教育基金。
考虑到收入还会上涨，每个月拿出3000元到5000元的储蓄金是可以实现的。

规划投资组合

建议组合：教育保险+基金策略
从月度收入中拿出一部分用作教育保险金，强制储蓄；另外再拿出一部分投资于基金组合，可以包括债券型基金和指数型基金（指数型基金的投资每月1000元即可）。

定期评估

重点评估基金组合的情况。一般以每年评估一次为宜，周期不宜太短。评估结果可以作为调整比例和投资方向的依据。

七、基于养老需求的理财规划

工具概述

老龄化社会的来临，让更多人在年轻时开始规划自己的养老生活。为了提升老年生活质量，提前进行理财规划也成为一个必然的选择。

工具解读

养老理财典型特征

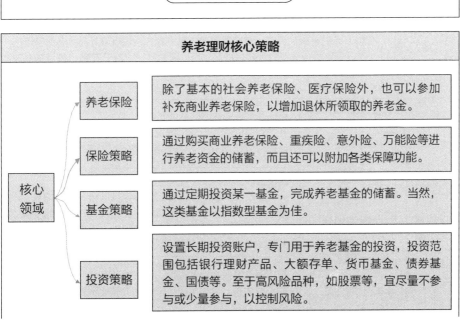

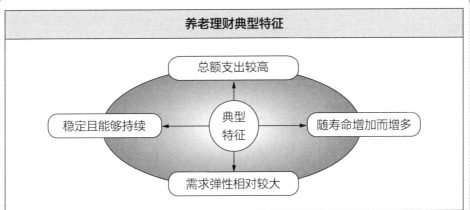

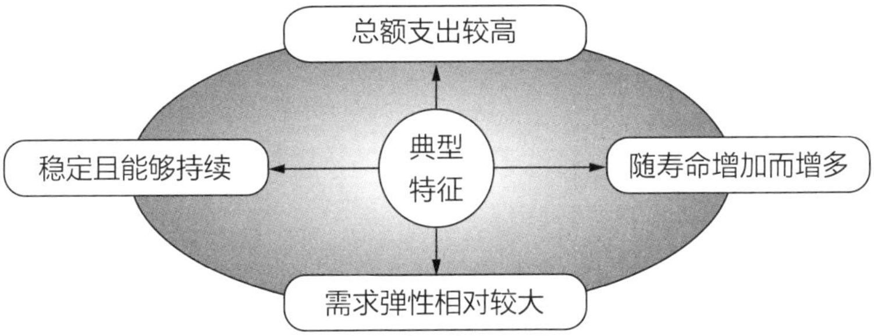

养老理财核心策略

核心领域

养老保险	除了基本的社会养老保险、医疗保险外，也可以参加补充商业养老保险，以增加退休所领取的养老金。
保险策略	通过购买商业养老保险、重疾险、意外险、万能险等进行养老资金的储蓄，而且还可以附加各类保障功能。
基金策略	通过定期投资某一基金，完成养老基金的储蓄。当然，这类基金以指数型基金为佳。
投资策略	设置长期投资账户，专门用于养老基金的投资，投资范围包括银行理财产品、大额存单、货币基金、债券基金、国债等。至于高风险品种，如股票等，宜尽量不参与或少量参与，以控制风险。

养老理财规划三部曲

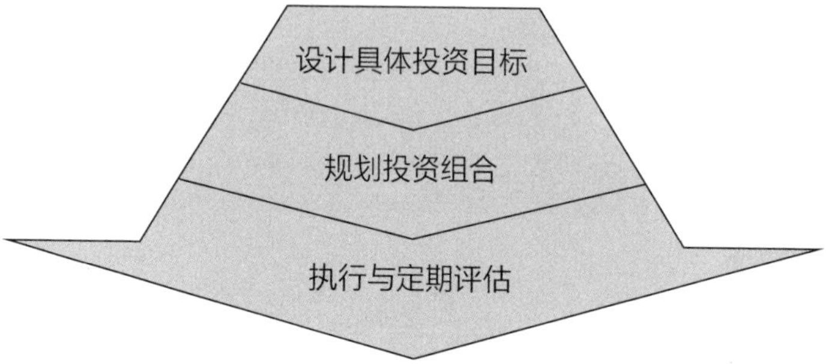

案例分析

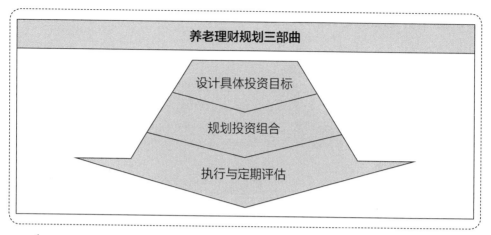

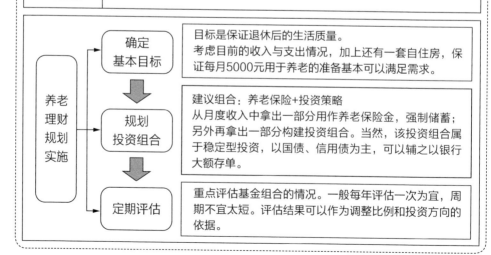

养老理财规划

夏楚东是一名私营企业的部门经理。目前年收入在15万元左右，五险一金也都在交。但在夏楚东看来，这还不足以保证自己以后的退休生活。

基本情况分析

夏楚东的家庭情况尚可，除了自己每年15万元的收入外，妻子也有将近10万元的收入。目前，家庭拥有自住房一套，价值300万元，房贷已经还完。早年给孩子买的教育保险基本可以覆盖孩子大部分花销。每月基本开支总额在1万元左右。

养老理财规划实施

确定基本目标

目标是保证退休后的生活质量。
考虑目前的收入与支出情况，加上还有一套自住房，保证每月5000元用于养老的准备基本可以满足需求。

规划投资组合

建议组合：养老保险+投资策略
从月度收入中拿出一部分用作养老保险金，强制储蓄；另外再拿出一部分构建投资组合。当然，该投资组合属于稳定型投资，以国债、信用债为主，可以辅之以银行大额存单。

定期评估

重点评估基金组合的情况。一般每年评估一次为宜，周期不宜太短。评估结果可以作为调整比例和投资方向的依据。